Die Hefe.

Morphologie und Physiologie.
Praktische Bedeutung der Hefereinzucht.

Von

Dr. EDMOND KAYSER,

Vorstand des gärungsphysiologischen Laboratoriums
am Institut National Agronomique zu Paris.

AUTORISIERTE DEUTSCHE AUSGABE

von

Dr. E. P. MEINECKE.

MÜNCHEN und LEIPZIG.

DRUCK UND VERLAG VON R. OLDENBOURG.

1898.

EINLEITUNG.

Das französische Original des vorliegenden Handbuches ist in der
bekannten von M. Léauté redigierten »Encyclopédie scientifique des
Aide-Memoire« zu Paris erschienen.

Was den Verfasser zur Herausgabe seines Buches bewogen hat,
gilt in Deutschland so gut wie über dem Rhein. Duclaux' klassische
Mikrobiologie datiert zu weit zurück, um noch vollständig zu sein;
Jörgensens und Lindners Lehrbücher stellen ihren ganz besonderen
Zwecken entsprechend die Morphologie — auf Kosten der Physiologie —
ganz in den Vordergrund. Weiter galt es, dem Studierenden wie dem
Praktiker ein kurzes übersichtliches Handbuch über Hefe — und nur
über Hefe — zu geben. In dieser Hinsicht mag das Büchlein also
für sich selber sprechen.

Die Übersetzung ins Deutsche wollte noch einen weiteren Zweck
verfolgen, nämlich zeigen, was die Franzosen selbst auf diesem Gebiete
als feststehend, als des Lehrens und Lernens wert betrachten. Daſs
sich das nicht immer mit den in Deutschland geltenden Anschauungen
deckt, beweist unter anderem die scharfe morphologische Trennung
von Ober- und Unterhefe oder die Behandlung der vor nicht langer
Zeit durch die Brown-Duclaux'sche Kontroverse wieder aktuell ge-
wordenen Definition von Gärkraft und Gärvermögen. Jedenfalls handelt
es sich hier nur um wenige, im Grunde doch nicht eben bedeutungs-
volle Fragen, die den praktischen Wert des Buches auch für den
deutschen Leser nicht beeinträchtigen können.

Der gröfste Teil der zahlreichen Beispiele und Tabellen entstammt Arbeiten aus dem gärungsphysiologischen Institut des Verfassers.

Ein Litteraturverzeichnis, welches das vortreffliche in Jörgensens
Handbuch, namentlich für französische Autoren, wertvoll ergänzt, bildet
den Schlufs des kleinen Werkes.

Der Übersetzer.

Inhalt.

ERSTER TEIL.

Kapitel I.

Allgemeine Bemerkungen über Gärung.

Kapitel II.

Allgemeine Eigenschaften der Hefen.

Kapitel III.

Zusammensetzung, Ernährung, Autophagie der Hefe.

Kapitel IV.

Hefe in Reinkultur.

ZWEITER TEIL.

Kapitel I.

Physiologie der Hefe. Theorie der alkoholischen Gärung.

Kapitel II.

Einfluſs physikalischer, chemischer und antiseptischer Agentien.

Kapitel III.

Die Hefefabrikation.

Kapitel IV.

Anwendung. Ausgewählte Hefen.

ERSTER TEIL.

Kapitel I.
Allgemeine Bemerkungen über Gärung.

Lange bezeichnete man mit dem Namen »Gärungen« alle Erscheinungen, bei denen eine (teigige oder flüssige) Masse unter starker
Gasentwicklung in Blähung geriet: so die Gärung des Traubensaftes
im Gärbottich und die Gärung des Brotteiges nach Einführung des
Sauerteiges,

Später hat man verallgemeinert und diese Benennung auf verschiedene spontane Vorgänge chemischer Natur angewandt, bei welchen
man, ohne Ursache, wie es schien, Umwandlungen, wie die Verzuckerung des Malzes, das Sauerwerden des Weines u. s. w. beobachtete.

Die in Gärung geratene Masse ist die gärungsfähige Substanz,
die treibende Kraft ist der Gärungserreger.

Diese Veränderung geschieht unter dem Einfluß eines organisierten lebenden Wesens, oder aber die Umwandlung des organischen
Körpers ist die Wirkung eines stickstoffhaltigen, löslichen, aber nicht
organisierten Prinzips.

Im ersten Fall ist der chemische Vorgang der Gärung seinem
Wesen nach die Begleiterscheinung eines Lebensvorganges, welche mit
diesem letzteren beginnt und mit ihm aufhört. Er nimmt die verschiedenartigsten Formen an: Oxydation, Reduktion, Hydratation,
Spaltung; das sind Gärungen im eigentlichen Sinne des Wortes.

Im zweiten Fall genügt eine ganz geringe Menge des stickstoffhaltigen Prinzips tierischen Ursprungs oder pflanzlicher Natur (Ferment),
um allein durch seine Anwesenheit auf den gärungsfähigen Körper zu
wirken; hierher gehören die Umwandlung der Eiweißstoffe in Peptone
durch das Pepsin des Magens, die Umwandlung der Stärke in Dextrin
und in Maltose unter dem Einfluß gekeimter Gerste (Amylase) etc.

Diese beiden Arten von Gärungen sind einander verwandt in der Gröfse der Beziehungen zwischen Wirkung und Ursache, in dem ungeheuren Mifsverhältnis zwischen dem Gewicht des Gärungserregers und dem der gärungsfähigen Substanz; zu ihrer Unterscheidung können wir heranziehen, dafs der organisierte Gärungserreger am Ende der Gärung an Menge zugenommen hat, während das nicht organisierte Ferment wesentlich im gleichen Verhältnis geblieben ist.

Notwendigkeit der Mikroorganismen. Ihre Verbreitung. Ihre Rolle in der Natur. Die höheren Pflanzen bauen ihre Gewebe mit Hilfe von Körpern auf, welche sie dem Boden und der Luft entnehmen; dem ersteren entlehnen sie die Mineralstoffe: aus der Luft nehmen sie vermittelst ihres Chlorophylls unter der Einwirkung der Sonnenstrahlen Kohlensäure, aus welcher, in Verbindung mit Wasser, die Kohlenhydrate Zucker, Stärke, Cellulose etc. sich aufbauen.

Die Pflanzen dienen zur Nahrung der Tiere, und die entstehenden organischen Verbindungen sind untauglich zur Ernährung anderer Pflanzen. Sie müssen zerstört und auf einfachere Formen, im letzten Grunde auf Kohlensäure, Ammoniak, Kohlenstoff und Stickstoff zurückgeführt werden; das ist die Aufgabe der Mikroorganismen.

Ihre Rolle besteht darin, auf der Erdoberfläche den höheren Pflanzen entgegenzuarbeiten. Daraus folgt, dafs sie mit grofser Zerstörungsenergie, sowie mit grofsem Fortpflanzungsvermögen begabt sein und gegen äufsere Einflüsse ziemlich widerstandsfähig und leicht überall zu verbreiten sein müssen.

Während die Taube täglich nur $^1/_{14}$ ihres Gewichts an Buchweizen verzehrt (Duclaux), kann der Aspergillus niger $^1/_6$ seines Gewichtes an Zucker (Raulin), der Erreger der Milchsäuregärung $^1/_{5,5}$ (Kayser) verbrauchen, und Mycoderma aceti verwandelt das Hundertfache seines Gewichtes an Alkohol in Essigsäure (Duclaux).

Um ein Beispiel von der Schnelligkeit zu geben, mit welcher diese kleinsten Lebewesen sich fortpflanzen, genügt die Aufgabe, dafs Mycoderma aceti nur wenige Stunden braucht, um die Oberfläche eines grofsen Bottichs zu überziehen, und doch nehmen 30000 Zellen nur einen Quadratmillimeter Oberfläche ein.

Diese Mikroorganismen bedürfen wie jedes lebende Wesen einer gewissen Kraft, teils um die durch ihre Lebensthätigkeit bedingten Verluste zu ersetzen, teils zum Aufbau ihres Körpers. Da sie kein Chlorophyll besitzen, können sie diese Kraft nur durch Verbrennung der Nährstoffe erwerben, die in den höheren Pflanzen gebildet werden; oder aber sie bedienen sich des Sauerstoffes der atmosphärischen Luft, wie die Mycodermen bei aërobem Leben.

Gleichzeitig läßt sich leicht einsehen, daß unter den in höheren Pflanzen entstehenden Körpern auch solche sein können, welche sich unter Umständen unter Wärmeentwicklung in einfachere Verbindungen umsetzen können.

Die Lebewesen, welche imstande sind, die Spaltung solcher Substanzen zu bewirken, indem sie ihnen den nötigen Sauerstoff entnehmen und sich die dabei freiwerdende Wärme zu Nutzen machen, sind Gärungserreger; dieser Vorgang spielt sich bei anaërobem Leben ab, so z. B. bei der Umwandlung des Zuckers in Alkohol unter dem Einflusse der Alkoholgärungspilze.

Doch wissen wir auch, daß das anaërobe Leben nicht zur endgiltigen Vergasung genügt; der erzeugte Alkohol kann durch Verbrennung die für das aërobe Leben des Bakterium aceti nötige Wärme liefern und sich in Essig verwandeln, der seinerseits wieder durch andere Mikroorganismen zerstört und in Wasser und Kohlensäure übergeführt wird; oft gehen beide Lebensarten neben einander her.

Duclaux hat in trefflicher Form den vollständigen Kreislauf der organischen Substanz zusammengefaßt:

»Das Leben der großen Pflanzen und großen Tiere findet seinen Ausdruck in der Bildung von Körpern (unter dem Einflusse der Sonnenwärme), deren Aufbau eine gewisse Kraftausgabe erfordert. In diese endothermen Körper nisten sich die niederen Lebewesen ein. Hier finden sie Kraft aufgespeichert, von der sie einen Teil zum Aufbau ihres Körpers entlehnen, was sie bis zu einem Grade von äußeren Verhältnissen unabhängig macht. Ein zweiter Teil wird dazu verwendet, ursprünglich flüssige oder feste Körper in gasförmigen Zustand überzuführen. Ein weiterer Teil endlich setzt sich in wahrnehmbare Wärme um und dient dazu, die Temperatur der Flüssigkeit, in der sich alle diese Erscheinungen abspielen, zu erhöhen und sie infolgedessen in lebhafteren Gang zu bringen.«

Geschichtliches über die alkoholische Gärung. Die Geschichte lehrt uns, daß die Ägypter und Griechen Weinbau trieben und den Traubensaft gären ließen, während die Bierbrauerei bei den Germanen, Galliern und Spaniern in Gebrauch war. Dies sind die beiden typischen alkoholischen Gärungen, welche unter der Einwirkung der »Hefe« stattfinden.

Gegen 1680 stellte zuerst Leuwenhoeck unter dem Mikroskop die kugelige, einförmige oder sphärische Gestalt dieser Hefe fest.

Seit Lavoisier war die alkoholische Gärung Gegenstand zahlreicher Untersuchungen; aufzuführen sind vor allem: Thénard 1803, Astier 1813, Kiéser 1814, Persoon 1822, Desmazières 1825, Schmidt von Dorpat 1825, Turpin 1835, Kützing 1836, Meyen 1837.

Um dieselbe Zeit fanden Cagniard-Latour und Schwann unabhängig von einander und gleichzeitig, dafs die Bierhefe ein Lebewesen sei.

Dumas betrachtete die Gärung als Begleiterscheinung des Lebens der Hefe; doch wurde die Organisation der Hefe von Berzelius bestritten, der die Erscheinung der Gärung katalytischen Wirkungen zuschrieb.

Liebig erklärte sie durch die Bewegung, welche die Hefe bei ihrer Zersetzung der unveränderten Substanz (Zucker) mitteilte.

Es war Pasteur vorbehalten, unwiderleglich nachzuweisen, dafs alkoholische Gärung niemals statt hat ohne gleichzeitige Ausbildung, Entwicklung und Vermehrung von Zellen und ununterbrochenes Leben. Den Beweis dafür hat er dadurch geführt, dafs er vollständige Gärung in einer gezuckerten Flüssigkeit hervorrief, in welche er aufser einer Spur Hefe nur Mineralstoffe einführte; die Hefe selbst, anstatt in Zersetzung überzugehen, sprofste und nahm an Gewicht zu.

Nägeli ist der Hauptvertreter einer anderen Theorie, welche die Mitte zwischen derjenigen Pasteurs und der Liebigs hält: der Physikomolekulartheorie; für ihn ist die Gärung die Übertragung des Bewegungszustandes der Moleküle oder Atomgruppen der verschiedenen Verbindungen, welche das lebende Protoplasma aufbauen, auf die gärungsfähige Substanz; diese Bewegungen stören das Gleichgewicht dieser letzteren und bewirken ihre Zersetzung, während das lebende Protoplasma keine Veränderung erleidet.

Die Umwandlung des Zuckers in Alkohol ist nicht auf die Hefe allein beschränkt; wir wissen aus den Arbeiten von Lechartier, Bellamy und Müntz, dass die Pflanzenzelle sich bei Abwesenheit von Sauerstoff ebenso verhalten kann wie der Erreger der alkoholischen Gärung.

Viele andere Forscher haben die alkoholische Gärung und ihre Erreger zum Gegenstande ihrer Forschungen gemacht; die von ihnen gefundenen Thatsachen sollen im Zusammenhang mit unserem Fortschreiten in dieser Materie zur Ausführung kommen. Anzuführen sind die Arbeiten von Bail, de Bary, Brefeld, Reefs, Duclaux, Gayon, Fernbach, Laurent, Delbrück, Hansen, Will, Lindner, Jörgensen, Lintner, Kukla, Effront etc.

Erreger der alkoholischen Gärung. Die alkoholische Gärung besteht in der Spaltung des Zuckers in Alkohol, Kohlensäure, Glycerin, Bernsteinsäure u. s. w. unter dem Einflusse verschiedener Alkoholgärungspilze.

Die Schimmelpilze erregen nur ausnahmsweise alkoholische Gärung; im allgemeinen vermitteln sie eine Verbrennung. Bei reichlicher

Gegenwart von Sauerstoff verbrennt die Pflanze den Zucker direkt ohne Zwischenstadien, vielleicht kommt es dabei zur Bildung von Alkohol, wahrscheinlich aber wird er sofort verbrannt. Wenn Schimmelpilze (vor allem Mucorarten) in eine Zuckerlösung untergetaucht werden, so dafs also der Sauerstoff ausgeschlossen wird, so teilen sie ihr Mycel in Glieder, welche sich durch Sprossung in Form von mehr oder weniger runden Zellen vermehren und alkoholische Gärung hervorrufen. Diese Eigenschaften bewahren sie mehr oder weniger lange und können sie nach einer neuen Behandlung mit Luft wieder erlangen; die von ihnen erzeugten Alkoholmengen sind im allgemeinen gering.

Die eigentlichen Erreger der alkoholischen Gärung oder Hefen gehören, mit wenigen Ausnahmen, zur Gruppe der Blastomyceten.

Reefs, de Bary und Engel bezeichneten mit dem Namen Saccharomyces sprossende Pilze; sie stützten sich ausschliefslich auf Form und Gröfsenverhältnisse. Pasteur hat dem später die Fähigkeit, alkoholische Gärung hervorzurufen, als wichtiges Merkmal hinzugefügt.

Hansen hat diese Einteilung dahin abgeändert, dafs er die Bezeichnung Saccharomyces auf diejenigen Sprofspilze beschränkte, welche unter bestimmten Bedingungen Askosporen erzeugen.

Die Alkoholhefen sind im allgemeinen kleine ovale, runde oder elliptische Körper; manchmal sind sie mehr oder minder länglich. Ihre Form ist also sehr veränderlich. Im Längendurchmesser erreichen die Zellen 8, 9 bis 10 μ. Ihre Membran ist dünn, elastisch und besteht aus Cellulose. Sie umgibt ein Protoplasma, das in der jungen Zelle ziemlich homogen und farblos ist, in der alten Zelle aber und in solchen, die unter äufseren Einflüssen gelitten haben, mehr oder weniger stark gekörnt erscheint. In ihrem Innern unterscheidet man, zumal in der jungen Zelle, ein helleres Bläschen, welches man mit dem schlecht gewählten Namen Vakuole bezeichnet. Diese Vakuole schliefst einen gallertartigen Saft ein, in dessen Innern ein kleines, kaum wahrnehmbares Körperchen unbekannter Natur in steter Bewegung sich befindet.

Bringt man eine Hefezelle in eine gärungsfähige Flüssigkeit, so erscheint an einer, seltener an zwei Stellen seiner Oberfläche eine kleine Ausstülpung; diese blasenartige Anschwellung wird allmählich gröfser, kräftigt seine Wandung und erreicht endlich die Gröfse der Mutterzelle. Die jungen Zellen lösen sich von der ursprünglichen Zelle los oder bleiben noch einige Zeit an dieselbe angeheftet. Später beginnt jede neue Zelle ihrerseits Sprossen zu treiben, und es entsteht so eine zweite Generation. Häufig kann man in den so entstehenden Gruppen noch die Zelle erkennen, aus welcher alle übrigen hervorgegangen sind;

ihr Protoplasma ist stärker gekörnt, zusammengezogen, dicht und dunkel gefärbt, ihre Ränder sind wenig turgeszent, sein Inneres ist gefaltet und enthält unregelmäfsige Vakuolen und Haufen von Fett- kügelchen.

Bleiben die Zellen zu Ketten vereint, so reden wir von Oberhefe, sind sie vereinzelt oder zu zweien, von Unterhefe.

Wir werden später sehen, dafs dies nicht die einzige Art der Entwicklung ist; R e e f s hat uns gezeigt, dafs die Hefezelle bei Nahrungs- mangel endogene Sporen bildet. Aber weder die Gestalt, noch die Art der Sprossung genügt zur Unterscheidung der Alkoholhefen. Wir werden bei Behandlung der Reinhefen sehen, dafs wir eine Gesamtheit besonderer Merkmale morphologischer, chemischer und physiologischer Natur bedürfen, um uns ein genaues Bild von einer Heferasse zu machen und sie von einer verwandten Rasse unterscheiden zu können.

Kapitel II.

Allgemeine Eigenschaften der Hefen.

Ursprung der Alkoholhefen. Seit langer Zeit schon haben Forscher sich mit der Frage beschäftigt, woher die Alkoholhefen stammen. Die einen, wie Brefeld und Pasteur, betrachteten sie als Entwicklungsformen höherer Mucedineen, welche allerdings je nach dem Nährboden die verschiedenartigsten Gestalten annehmen können. Andere dagegen, wie de Bary und Hansen, halten sie für selbständige Arten von ovaler oder runder Form, die sich durch Sprossung fortpflanzen.

Werden Mucorarten in Zuckerlösungen untergetaucht, so teilt sich ihr Mycel in mehr oder minder runde Zellen, und zugleich läfst sich Erzeugung von Alkohol feststellen; es liegen dann die sogenannten Hefeformen vor. Diese Hefeformen wurden bei Dematium pullulans von de Bary und Loew beobachtet, bei Cladosporium von Cuboni, bei Ustilagineen und Basidiomyceten von Brefeld, bei Oïdium lactis von Duclaux, bei Tubercularia vulgaris von Laurent. Marcano hat ebenso gefunden, dafs in den Tropen Schimmelpilze in der Hefenform sehr häufig sind, eine Erscheinung, bei welcher die Temperatur gewifs eine Rolle spielt.

Pasteur fand in sterilisiertem Wasser, in welchem er Weintrauben oder Rebholz abgewaschen hatte, eine Menge kleiner organisierter Körper, welche mit Hefe oder Schimmelpilzsporen Ahnlichkeit besafsen. Er sprach die Hypothese aus, dafs unter den Hefeformen, die sich auf den verschiedenen Früchten finden, durch eine Art von Umwandlung die Alkoholgärungspilze entstünden Dematium entwickelt allerdings leicht kleine ovale Zellen, die sich loslösen und wie Hefen sprossen können. Allein diese Eigenschaft genügt nicht; zu ihrer Vervollständigung müfste man die Bildung von Endosporen und lebhafte alkoholische Gärung beobachten können, zwei Merkmale, die uns augenblicklich noch fehlen und so das Problem ungelöst lassen.

Sadebeck behauptet indessen, aus der Gruppe Exoascus Hefegenerationen isoliert zu haben, die imstande sind, eine alkoholische Gärung hervorzurufen.

Marcano hat bei dem Studium der Yaraquegärung in der vergorenen Flüssigkeit lange Mycelschläuche in Begleitung von Sporen gefunden, welche ihrer Gröfse nach einer Alkoholhefe der Gattung Saccharomyces glichen. Nach Einsaat in Zuckerlösungen riefen sie deutliche alkoholische Gärung hervor, und er erhielt durch eine Reihe auf einander folgender Kulturen eine wirkliche Alkoholhefe ohne Mycelfaden. Wurde diese Hefe in gelöste Stärke eingeführt, so durchzog sie die Flüssigkeit mit filzigem Mycel.

Juhler hat kürzlich über den Zusammenhang zwischen einem Aspergillus und einer Alkoholhefe Mitteilungen gemacht.

Jörgensen gab an, bei seinen Untersuchungen über die Schimmelvegetationen der Weintrauben ein Dematium durch eine Reihe abwechselnder Kulturen bei 25 und 35° in eine endosporenbildende hefeähnliche Form übergeführt zu haben. Allein diese Umwandlung eines Schimmelpilzes in Hefe ist von Klöcker und Schiönning bestritten worden, welche mit demselben Ausgangsmaterial zahlreiche erfolglose Versuche gemacht haben.

In gleicher Weise scheint es Sorel geglückt zu sein, den Aspergillus oryzae in eine Alkoholhefe überzuführen. Er zeigte, dafs die Conidien je nach den Umständen ein selbständig sich entwickelndes Mycel geben können oder aber ein Mycel, das durch fortgesetzte Teilung in ovale sprossende Zellen mit lebhafter alkoholischer Gärung zerfällt. Durch Einsaat dieser Hefe in Reis, der durch Erhitzung auf 100° gequollen war, gelangte Sorel zum Aspergillus oryzae zurück. Dieser Versuch ist in unserem Laboratorium für Gärung ohne den geringsten Erfolg wiederholt worden. Gibt es Schimmelpilze, welche alkoholische Gärung hervorrufen und zugleich die Fähigkeit besitzen, unter bestimmten Umständen Endosporen zu bilden? Das ist gewifs möglich, allein wir haben bis jetzt nicht das Recht, diese Möglichkeit auf den Ursprung der Weinhefen auszudehnen.

Findet man Alkoholhefen zu allen Jahreszeiten? Wo überwintern sie? Wie geschieht ihre Verbreitung auf den Früchten?

Pasteur hat den Zeitpunkt des Auftretens und Verschwindens der Hefen im Weinberg beobachtet und dabei feststellen können, dafs bis wenige Wochen vor der Traubenreife weder auf den Beeren, noch auf dem Rebholz, noch auf dem Boden des Weinbergs eine Spur von Hefen zu finden ist. »Die Hefe reift nur«, so drückte er sich aus,

»wenn die Traube reift«. Man findet übrigens bei herannahender Reife auf verschiedenen Früchten Hefen sehr verschiedener Art.

Miquel wies nach, daſs in der Luft nur wenig Hefen vorkommen, er vermutet, daſs sie durch Insekten verschleppt werden. Hansen hat in einer schönen Untersuchung über die Wanderungen der Apiculatushefe gezeigt, daſs die Hefe den Winter während dreier aufeinander folgender Jahre im Hefezustand überdauern kann, ohne ihre Gärtüchtigkeit zu verlieren.

Wir sehen, daſs die wichtige Frage nach dem Ursprung der Hefen trotz der verschiedenen sehr interessanten, von den genannten Forschern beigebrachten Thatsachen doch noch weitere Untersuchungen notwendig macht.

Polymorphismus der Hefen. Die Erfahrungen von de Bary und Pasteur über Dematium pullulans haben gezeigt, daſs man bei Einsaat in Zuckerlösungen durch fortgesetzte Teilung Zellen sehr verschiedener Form, mit mehr oder weniger dichter Wandung und von mehr oder minder grauer Farbe erhalten kann. Diese Formen besitzen kein Gärvermögen.

Wir wissen seit langer Zeit, daſs viele Hefen die verschiedensten Formen annehmen können, und eines der auffallendsten Beispiele liefert uns der Saccharomyces pastorianus, eine Hefe, welche wir häufig bei der Gärung von Wein und Apfelwein antreffen. Auf sauren Früchten erscheint sie in Gestalt länglicher, verzweigter, oft birnenförmiger, mehr oder weniger groſser Glieder; in fortgesetzten Kulturen unter Ausschluſs von Sauerstoff jedoch nehmen die Zellen runde oder ovale Form an. Um ihr die ursprüngliche Gestalt zurückzugeben, muſs sie in ähnliche Lebensbedingungen gebracht werden, wie sie sich ihr auf der Haut der Früchte bieten. So ändert die Hefe, wenn man sie durch Aushungern in Berührung mit Luft entkräftet, allmählich ihr Aussehen, das Protoplasma sammelt sich in der Mitte, färbt sich braun und wird körnig mit mehr oder minder regelmäſsigen Körnern. Die Hefe ist mit einem Wort polymorph.

Wird die Hefe so durch Mangel an Zucker- und Stickstoffnahrung bei gleichzeitig stark saurem Kultursubstrat der Entkräftung ausgesetzt, so findet in den Zellen eine unaufhörliche Arbeit statt; sie fahren fort zu atmen und zu leben; die Wände verdicken sich, das Protoplasma wird körnig, die Hefe wird ziemlich lang und erschöpft sich allmählich. Die Zelle trägt sehr lange die Spuren des Leidens an sich, und erst ganz allmählich nimmt sie durch fortgesetztes Einsäen in gut gelüftete Nährböden ihre gewöhnliche Gestalt wieder an.

Reinzucht der Hefen. Trotz der Formverschiedenheit einer und derselben Hefe gelingt es, gewisse Hefen durch ihre Gestalt zu unter-

scheiden und gegen einander abzugrenzen, wie die Ober- und Unterhefen, Saccharomyces pastorianus, Saccharomyces ellipsoïdeus, Saccharomyces apiculatus u. a.

Die meisten Hefen des Handels sind ziemlich komplizierte Gemische und nach allem, was wir bereits über den Einfluſs des Nähr-
substrats wissen, ist wohl einzusehen, daſs eine nur in geringer Menge
in einem Gemische vertretene Hefe unter gewissen Bedingungen in
einem zweckbewuſst durchgeführten Versuche die Oberhand über ihre
Nachbarn gewinnen kann. Wir werden in Kapitel IV die Methoden
kennen lernen, welche man gegenwärtig zur Reinzucht der Hefen in
Anwendung bringt.

Früher nahm man an, daſs eine reingezüchtete Hefe unter gleichen
Kulturbedingungen vor allem gleiche Form und ungefähr gleiche
Gröſsenverhältnisse zeigen müsse; sie sollte bei denselben Temperaturen
sich entwickeln resp. absterben; sie sollte die gleichen Produkte in
Art und Menge liefern. Oft benutzte man die Schnelligkeit der Entwicklung einer bestimmten Hefe; man impfte sie alle 24 Stunden in
frischen Nährboden um und brachte sie dadurch am Ende vollständig
zur Herrschaft. Auf ähnliche Weise entledigte man sich der Mycodermen, deren Wachstum viel langsamer ist, der Bakterien durch
Säuerung des Nährsubstrates, der Schimmelpilze durch Zufuhr von
Kohlensäure; oder aber man begünstigte die einen auf Kosten der
anderen durch abwechselnde Kulturen in Bierwürze und saurem Sub-
strat. Auch die durch Kultivieren in Zuckerwasser eintretende Er-
schöpfung kann man sich zu Nutze machen, indem man von Zeit zu
Zeit auf frischen zuckerhaltigen Nährboden überimpft, oder endlich
den Einfluſs der Wärme. Wir wissen, daſs der Brauer sich des Saccharomyces exiguus dadurch entledigt, daſs er von Zeit zu Zeit bei etwas
höherer Temperatur gären läſst, da die wilden Hefen niederere Temperaturen bevorzugen. Manchmal genügt indessen auch Filtrieren.

Diese verschiedenen Mittel zur Trennung der Hefen haben bei
aller Mangelhaftigkeit dazu geholfen, eine Reihe von Hefen zu bestimmen, und mit Rücksicht darauf sollten sie hier in Kürze aufge-
führt werden.

Lebensfähigkeit der Hefen. Die Dauer des Lebens und besonders
der Erhaltung der Rasseneigentümlichkeiten der Hefen ist zugleich
von wissenschaftlichem wie praktischem Interesse. Sie hängt nicht nur
von der Energie der Rasse und ihrer Widerstandskraft gegen äuſsere
Einflüsse ab, sondern auch von der Art dieser letzteren, wie z. B. von
Temperatur, Licht, Sauerstoff, Säuregehalt des Nährbodens u. s. w.

Wir wissen, daſs Pasteur Bierhefe durch Vermengen mit Gips
mehr als 10¹/₂ Monate hat am Leben erhalten können. Hansen fand

Saccharomyces apiculatus lebend nach einem zweijährigen Aufenthalt im Boden, und Duclaux beobachtete Bierhefen, welche nach 15jährigem Aufenthalt in der von ihnen vergorenen Flüssigkeit noch am Leben waren. Ziemlich schädlich scheint ihnen Sonnenlicht, besonders durch die von ihm hervorgerufenen chemischen Umwandlungen, zu sein; schützt man kleine Pasteurkolben vor der Sonne, so erhalten sie die Hefe während sehr langer Zeit am Leben. Gewisse Rassen scheinen indessen sehr bald zu Grunde zu gehen; man wird daher vorsichtigerweise entweder häufig auffrischen oder aber die Hefen in neutralen Saccharoselösungen aufbewahren.

Viel widerstandsfähiger ist die Hefe jedoch in trockenem Zustande, und da wieder mehr in der Sporen- als in der Hefenform.[1]) Ich habe z. B. eine Zuckerrohrhefe in Fadenform unter den Händen gehabt, deren Gärvermögen sich in fünf Jahren nicht geändert hatte. Andererseits haben mir Laboratoriumsversuche gezeigt, daſs reine, auf Filtrierpapier eingetrocknete Hefe fast fünf Jahre lang lebend blieb; immerhin bestand ein Unterschied von ein bis zwei Jahren zu Gunsten der Hefesporen. Die Rasse selbst spielt hier eine sehr groſse Rolle. Wir wissen ja auch, daſs manche Weinbauern ihre Bodensatzhefe in trockenem Zustande von einem Jahre zum anderen aufbewahren und sich ihrer mit Vorteil zur Einleitung einer guten Gärung bedienen können.

Gärfähige Zuckerarten. Die Zuckerarten von der Formel $C_6 H_{12} O_6$ gären direkt, andere bedürfen einer vorherigen Inversion, welche Saccharose in Glykose und Lävulose, Maltose in Glykose u. s. f. umwandelt. Gärfähig sind also: Glykose, Lävulose, Galaktose, Saccharose, Maltose, Laktose, Raffinose und andere.

Jeder Zucker scheint auf seine Art, dem durch die Gesetze der chemischen Mechanik bestimmten Widerstande gemäſs, zu gären. Fischers letzte Versuche haben uns gezeigt, daſs zwischen dem Aufbau der vergärenden Hefe und dem des vergorenen Zuckers selbst ein direkter Zusammenhang besteht; es gibt demnach besondere Hefen für Saccharose, Laktose u. s. w. Es besteht eine wirkliche Auswahlsfähigkeit für verschiedene Zuckerarten, und in einem Gemisch von zwei Zuckerarten wird die eine vorzugsweise von der Hefe a, die andere von der Hefe b angegriffen werden.

Dubrunfaut hatte bereits beobachtet, daſs bei der Vergärung des Invertzuckers die anfängliche Linksdrehung der Flüssigkeit konstant wurde, bis etwa zwei Fünftel vom Gewicht des Zuckers in Alkohol

---

[1]) Rasse, Alter, Ursprung, Art und Weise der Austrocknung (durch Luft, durch Schwefelsäure, durch höhere oder niedere Temperatur), Abwesenheit oder Gegenwart von Licht, Lagendicke u. s. w. spielen hier eine Rolle.

umgewandelt waren; von diesem Augenblick an nahm die Drehung
in geometrischer Progression ab, und gleichzeitig stieg der Alkoholgehalt in arithmetischer Progression, während bei der Glykose die Abnahme der Drehung von Anfang an der Alkoholbildung folgt, derart,
daſs man, wenn die Gärung nach Erreichung von acht Zehntel des
endgiltigen Alkoholgehalts sistiert wird, einen linksdrehenden, schwerer
angreifbaren Zucker, die Lävulose, in Lösung findet. Die Hefe selbst
und alle die alkoholische Gärung beeinflussenden Faktoren spielen hier
eine sehr groſse Rolle.

In der That geht aus den Versuchen von Gayon und Dubourg
hervor, daſs gewisse Hefen die Eigenschaft besitzen, Glykose lieber als
Lävulose zu vergären, so daſs die anfängliche Linksdrehung der Flüssigkeit erst zunimmt, ein Maximum erreicht, dann zu ihrem Anfangswert
zurückkehrt und auf Null sinkt. Andere Hefen dagegen, wie Saccharomyces exiguus, bringen Lävulose viel schneller zum Verschwinden
als Glykose. In diesem Fall nimmt die Anfangsdrehung ab, wird
gleich Null, ändert ihr Zeichen, geht nach rechts über und kehrt
wiederum auf Null zurück. Diese besondere Auswahlfähigkeit für
Lävulose wird in hohem Maſse durch die Zusammensetzung des Nährsubstrates und die Temperatur beeinfluſst; so kann bei niederer Temperatur die Lävulose vollständig verschwinden, bevor die Glykose in
Angriff genommen wird.

Das folgende Beispiel wird uns den Einfluſs der Hefe, beziehungs-
weise der Temperatur veranschaulichen:

Malzkeimabsud mit einer Beigabe von 21,55% Glykose einerseits
und 21,22% Lävulose andererseits, wurde mit zwei Reinhefen 2 und
37 infiziert und bei 25 resp. 35° sich selbst überlassen; die Tabelle
gibt den verschwundenen Zucker in Prozenten:

Hefe	25°		35°	
	Glykose	Lävulose	Glykose	Lävulose
	Verschwunden	Verschwunden	Verschwunden	Verschwunden
2	98,3	92,1	78,6	69,3
37	97,7	89,2	91,6	83,1

Bourquelot hat beobachtet, daſs in einem Gemisch von Glykose
und Lävulose die Auswahlfähigkeit sich umkehren kann, d. h. daſs
der zu Anfang am langsamsten gärende Zucker zuletzt schneller gärt.
Diese Erscheinung muſs den Veränderungen und Umwandlungen zugeschrieben werden, welche das Nährsubstrat erleidet (Grad der Verdünnung, Alkohol, Temperatur, Säuregehalt etc.).

Gewisse Zuckerarten scheinen nur zur Hälfte zu vergären; so hat B e r t h e l o t festgestellt, daſs nur die Hälfte der Melitose sich in Alkohol verwandelt, während die andere Hälfte in Gestalt von Eucalyn, einer Isomere der Glykose, zurückbleibt.

Eine analoge Erscheinung ist für Melitriose von L o i s e a u beobachtet worden. Er fand, daſs eine vollständige Vergärung dieser Zuckerart nur durch Unterhefen erreicht wurde, während Oberhefen, sie nur teilweise, zu einem Drittel, vergoren; die Melitriose soll sich dabei in Glykose und eine rechtsdrehende Substanz spalten.

Ein anderer Zucker, welcher der Gegenstand zahlreicher Untersuchungen, zumal von seiten B o u r q u e l o t s war, ist die Galaktose. Der genannte Forscher hat gezeigt, daſs dieser Zucker durch Anregung von auſsen gärfähig werden könne.

Wenn man in Galaktoselösungen geringe Mengen von Maltose, Dextrose oder Lävulose einführt, oder wenn man mit einer stickstoffreichen Flüſsigkeit arbeitet, so können gewisse Bierhefen diesen Zucker in Alkohol umwandeln, ganz wie P é r é gezeigt hat, daſs Bakterium coli Linksmilchsäure bei Gegenwart von Rechtsmilchsäure angreift. Auch Laktosehefen haben mir in Galaktoselösungen alkoholische Gärung gegeben.

Durch die Arbeiten von G a y o n und D u b o u r g wissen wir, daſs gewisse Mucorarten in Stärke und Dextrin eine ächte alkoholische Gärung hervorrufen. Dextrin wird übrigens auch durch Schizosaccharomyces Pombe, einer afrikanischen, erst seit kurzem bekannten Hefe, in Alkohol umgewandelt.

Viele Zuckerarten sind bis heute noch nicht gärfähig, vermutlich, weil wir die zugehörigen Hefen noch nicht kennen. Man nimmt indessen an, daſs nur die Zuckerarten, deren Gehalt an Kohlenstoffatomen durch drei teilbar ist, gärfähig sind; die Pentosen wären es demnach nicht.

Mikrochemische Reaktionen der Hefen. Die Anwendung mikrochemischer Reaktionen für die Hefen ist nur von nebensächlicher Bedeutung; doch mögen einige Worte über dieselben von Nutzen sein.

Hefen, welche Glykogen enthalten, färben sich mit Jodtinktur rotbraun.

Pikrinsäure, Osmiumsäure und Hämatoxylin lassen den Zellkern der Hefe deutlich hervortreten.

Osmiumsäure färbt die Fettkügelchen gelb bis schwarzbraun. Um diese Fettkügelchen von den Ölzellen zu unterscheiden, welche man häufig unter den Zellen der Decke antrifft, behandelt man erst

mit Alkohol und dann mit konzentrierter Schwefelsäure. Die Öltröpfchen färben sich dann gewöhnlich grünlichgrau und endlich
schwarzbraun.

Am schwersten färben sich im allgemeinen die Sporen; doch
halten sie dafür am längsten den Farbstoff fest. Der letztere wird
sehr begierig von toten Hefen aufgenommen.

Hefenzähler. Will man sich von der Vermehrung einer Hefe
eine Vorstellung machen, so muß man die erhaltene Masse wägen
oder auch die Hefezellen zählen. Zu diesem letzteren Zwecke bedient
man sich eines Hefezählers. Diese Vorrichtung besteht gewöhnlich
aus einem Objektträger, auf welchen ein Deckgläschen von bekannter
Dicke geklebt und in dessen Mitte eine kreisrunde Öffnung angebracht ist. Der Objektträger ist in Quadrate von 0,05 mm Seiten-
länge geteilt. In die so gebildete kleine Kammer wird ein Tröpfchen
der zu untersuchenden Flüssigkeit gebracht.

Man entnimmt zu diesem Zwecke der gärenden und auf ein
Zehntel verdünnten Flüssigkeit nach kräftigem Schütteln 50 ccm.

Um eine gleichmäßige Verteilung der Zellen zu erzielen, bedient
man sich häufig einer 10 proc. Lösung von Schwefelsäure, welche
die zu Krümeln vereinigten Hefezellen von einander trennt. Die
Dichte der Flüssigkeit sollte derart sein, daß die Hefezellen einige
Augenblicke in Schwebe bleiben können und erst nach einiger Zeit
zu Boden fallen, um dort gezählt zu werden. Luftblasen in der
feuchten Kammer sind sorgfältig zu vermeiden. Man bestimmt nun
bei einer Vergrößerung von etwa 300 die Anzahl der in einem Quadrat
im Durchschnitt enthaltenen Zellen. Jedes dieser Quadrate bildet die
Grundfläche eines Prismas von 0,0025 qmm, von 0,2 mm Höhe und
von 0,0005 cbmm Inhalt, welches man als Einheitsmaß angenommen hat.

Man bestimmt darauf den Durchschnitt der in einer gewissen
Anzahl von Quadraten enthaltenen Zellen und stellt durch 4 bis
5 maliges Wiederholen dieses Verfahrens den Enddurchschnitt fest.
Nehmen wir an, daß wir auf je 5 Quadrate 30 Zellen gefunden haben,
so hätten wir:

$$= \frac{30}{5}, \text{ oder in Wirklichkeit in der ursprünglichen Flüssigkeit:}$$

$$= \frac{300}{5} = 60 \text{ Zellen.}$$

Kapitel III.

Zusammensetzung, Ernährung, Autophagie der Hefe.

Zusammensetzung der Hefe. Die Zusammensetzung der Hefe ist weit früher Gegenstand wissenschaftlicher Untersuchung gewesen als ihre Eigenschaften als Lebewesen Heute interessiert sie uns nur in zweiter Linie, da wir über die Hefe weit bessere Kenntnisse besitzen: wir wissen, daſs sie im steten Wechsel begriffen ist, daſs das Nährsubstrat einen aufserordentlichen Einfluſs auf ihre Zusammensetzung hat. Immerhin kann das Studium der letzteren uns über die Natur der Hefe, ihre Lebensweise und die von ihr bevorzugte Nahrung wertvolle Aufschlüsse liefern.

Zahlreiche Untersuchungen über diesen Gegenstand haben Mitscherlich, Mulder, Wagner, Dumas, Schloſsberger, Payen, Liebig, Pasteur und Nägeli angestellt; nach diesen Forschern finden sich Kohlenhydrate (Stärke, Cellulose, Glykogen), Proteïn- und Mineralstoffe vor. Durch Verdünnen der Hefe in alkoholhaltigem Wasser und Chloroform hat man ihre Dichte mit ungefähr 1,180 bestimmt. Dieselbe wird offenbar je nach der Natur der Hefe, ihrem Alter, der Ernährungsweise u. s. w. starken Schwankungen unterworfen sein.

Wir geben im folgenden die Resultate von Analysen, welche verschiedene Forscher von Hefe gemacht haben, die durch wiederholte Waschungen von Verunreinigungen befreit war. Die Zahlen sind auf Hundert der entaschten Trockensubstanz bezogen.

Zusammensetzung	Oberhefe		Unterhefe	
	Schloſsberger	Mitscherlich	Dumas	Schloſsberger
C	50,10	47,0	50,6	47,93
H	6,52	6,6	7,3	6,69
N	11,84	10,0	15,0	9,77
O u. S	31,59	36,4	27,1	35,61

Alle diese Schwankungen in der Zusammensetzung eines in stetiger chemischer Umsetzung begriffenen Körpers haben nichts Überraschendes. Dafs eine Oberhefe reicher an Stickstoff sein kann, erklärt sich daraus, dafs sie weniger lange in Berührung mit der vergorenen Flüssigkeit bleibt und an diese daher viel weniger stickstoffhaltige Substanzen abgibt.

Die Hefezelle ist in der Hauptsache aus einer Cellulosehülle und einem eiweifsartigen Protoplasma zusammengesetzt.

Schlofsberger hat mit Deutlichkeit in der Hefe die Gegenwart einer Hülle aus einer der Cellulose analogen Substanz (30 bis 37 %), sowie eines an stickstoffhaltige Substanzen erinnernden Inhalts nachgewiesen. Doch enthält die Hefe nicht immer dieselbe Menge von Cellulose, und diese letztere ist nicht immer die gleiche; so haben Pasteur und Liebig 17—18% Cellulose gefunden. Sie bildet sich vermutlich auf Kosten des Zuckers.

Schutzenberger wies die Gegenwart einer gummiartigen Substanz nach.

Errera fand Glykogen, welches bis 10 und 15% ausmachen kann. Dieses Glykogen kann sich, wie Laurent gezeigt hat, auf Kosten vieler Substanzen bilden, welche von der Hefe nicht vergoren werden.

Ebenso enthält die Hefe Fettsubstanzen im Mafse von ungefähr 5% der Trockensubstanz; bei alten degenerierten Zellen kann sich dieser Gehalt bis auf 20% steigern. Die Fettsubstanzen der Hefe sind im allgemeinen sauer und bestehen auf den gewöhnlichen Fettkörpern und Cholesterin. Loew hat gefunden, dafs das Gewicht des Cholesterins 0,06% der trockenen Hefe erreichen kann. Alte Zellen enthalten zuweilen bis 0,5%, also $^1/_{50}$ des Gesamtgewichts der Fettsubstanz. Diese letztere ist zweifellos ebenfalls aus den Bestandteilen des Zuckers aufgebaut. So hat Pasteur Fettsubstanzen in einer Hefe nachgewiesen, welche er in Zuckerlösung und vorher mehrfach mit Alkohol und Äther behandeltem Hefeextrakt gezüchtet hatte.

Die Stickstoffsubstanzen der Hefe sind ihrer Menge und zweifellos auch ihrer Beschaffenheit nach sehr wechselnd, wie das ja auch für andere Pflanzenzellen gilt.

Fassen wir all dies zusammen, so sehen wir, dafs die Hefezelle den grofsen Pilzen sehr nahe steht.

Unter den Ausscheidungsprodukten der Hefe sind Leucin, Tyrosin, flüchtige Säuren u. s. w. anzuführen.

Die folgende von Belohoubek ausgeführte Analyse belehrt uns über den Aufbau der Hefe im allgemeinen:

Zusammensetzung	Frische Hefe %	Getrocknete Hefe %
Wasser	68,02	—
Stickstoffsubstanzen	13,10	40,98
Fettsubstanzen	0,90	2,80
Cellulose	1,75	5,47
Stärkemehlartige Substanzen . .	14,10	44,10
Organische Säuren	0,34	1,06
Mineralstoffe	1,77	5,54
Verschiedenes	0,02	0,05

Der Mineralgehalt der Hefe ist sehr wechselnd.

Oberhefe		Unterhefe	
Wagner	Mitscherlich	Wagner	Mitscherlich
%	%	%	%
2,5	7,7	5,3	7,5

Diese Aschen sind besonders reich an Phosphorsäure, Kalium, Magnesium u. s. w.

Belohoubek hat uns die folgende Analyse der Hefenasche gegeben:

Phosphorsäure	51, 1 %,
Schwefelsäure	0,57 »
Kieselsäure	1,60 »
Chlor	0,03 »
Kalium	38,68 »
Natrium	1,82 »
Magnesium	4,16 »
Calcium	1,99 »
Verschiedenes	0,06 »

Ernährung der Hefe. Die Hefe folgt, wie alle Pflanzen, den allgemeinen Gesetzen der Physiologie; sie atmet, assimiliert und verarbeitet ihre Bestandteile wie jedes Lebewesen. Sie braucht, wie wir aus ihrer Zusammensetzung ersehen haben, Mineralstoffe, Stickstoffsubstanzen und Kohlenhydrate.

Ernährung durch Mineralstoffe. — Pasteur hat zuerst die Unentbehrlichkeit des mineralischen Elements für die Ernährung der Hefe und die Durchführung der Gärung hervorgehoben. Er hat uns gezeigt, daß Gärung in einer Nährlösung, bestehend aus Zuckerwasser, einem ammoniakalischen Salz (Tartrat) und Hefenasche statthaben kann. Ebenso hat er uns gezeigt, dafs die Gärung durch Unter-drückung der alkalischen Phosphate merklich verlangsamt wird; des-gleichen, wenn die Hefenasche zur Weifsglut gebracht wird und die Alkalien sich verflüchtigen.

Um sich einen genauen Begriff von dem Werte eines minerali-schen Elementes zu machen, mufs man das in typischer Nährlösung unter den günstigsten Bedingungen erreichte Maximalgewicht der be-treffenden Hefeart mit dem in der gleichen Nährlösung erzielten ver-gleichen, in welcher dieses Element fehlt. Man kann auch zwei parallele, unter vollkommen gleichen Verhältnissen verlaufende Gärungen beob-achten, von denen nur die eine gänzlich des betreffenden Elementes entbehrt, wie es Raulin für Aspergillus niger durchgeführt hat. Um jedoch aus diesen Versuchen allen Nutzen zu ziehen, mufs man die beiden folgenden Bedingungen beherrschen:

Erstens konstantes Gewicht der Ernte und zweitens grofse Ge-wichtsmengen von Material, und das ist für Hefe schwer zu erreichen.

Auch andere Erwägungen machen die Lösung der vorliegenden Aufgabe sehr mifslich. Es ist sehr schwer, ganz reine Körper zu er-halten; der Zucker selbst enthält immer 0,006 % Schwefel, das Saat-material führt Fremdstoffe ein; die biologischen Verhältnisse der Hefe (aërobes und anaërobes Leben) sind sehr schwankend, und auch das Alter der Hefe, die Natur der Kohlenhydratnahrung sind von grofsem Einflufs.

Mayer hat sehr zahlreiche Untersuchungen über die mineralische Ernährung der Hefe angestellt. Er hat nachgewiesen, dafs Phosphor-säure und Kalium für die Hefe unersetzlich sind; Calcium kann ohne grofsen Schaden fehlen, und Magnesium ist blofs vorteilhaft.

Zu empfehlen sind die folgenden Nährlösungen:

Nährlösung nach Pasteur: Destilliertes Wasser 100 g, Kandis-zucker 10, Hefenasche 1, kohlensaures Ammon 1 (oder 0,1 g weinsaures Ammon).

Nährlösung nach Cohn: Destilliertes Wasser 200 g, weinsaures Ammon 2, phosphorsaures Kalium 2, schwefelsaures Magnesium 1, zweibasisches Calciumphosphat 0,1.

Nährlösung nach Laurent: Ammoniumsulfat 4,71 g, phosphor-saures Kalium 0,75, schwefelsaures Magnesium 0,1 pro Liter. Zum Ganzen wird das zu untersuchende Kohlenhydrat hinzugefügt.

Nährlösung nach Mayer: Zucker 15 g, phosphorsaures Kalium 5, schwefelsaures Magnesium 5, phosphorsaures Calcium 0,5, Ammonium-nitrat 0,75 pro Liter, ausserdem Spuren von Liebig'schem Fleisch-extrakt.

Stickstoffnahrung. — Gegen 1799 schon hatte **Fabroni** die Hefe einer stickstoffhaltigen Substanz pflanzlicher Natur, dem Gluten gleichgestellt. Ebenso zeigte **Thénard**, daſs Hefe in reichem Maſse Stickstoff enthält.

Die Stickstoffnahrung tritt unter dreierlei Form auf: Ammoniaksalze, Nitrate und Eiweiſssubstanzen. Welchen gibt die Hefe den Vorzug?

Die Assimilation von Stickstoff aus Ammoniak ist durch die Arbeiten von **Pasteur**, **Duclaux** und **Mayer** nachgewiesen worden. **Duclaux** arbeitete mit einer Nährlösung, welche 40 g Zucker, 1 g rechtsweinsaures Ammon und 15 g Hefe in Pastenform enthielt. Diese letztere entsprach 2,5 g in trockenem Zustande und enthielt 0,215 g Stickstoff.

Umsetzung des Stickstoffs		
Vor der Gärung	Nach der Gärung	
g		g
Hefe 0,215	2,236 g zu 6,36% . .	0,148
Tartrat 0,152	Ammoniaksalz . . .	0,045
0,367	Eiweiſssubstanz . . .	0,150
		0,343

Die Werte decken sich bis auf 4·Milligramm. Drei Viertel des Ammoniaks waren verschwunden; wir finden es in der Hefe und in der umgebenden Flüssigkeit in Gestalt von organischen Stickstoffverbindungen, von Eiweiſssubstanzen, ganz wie in höheren Pflanzen, wieder. Die Hefe kann also ihre Eiweiſssubstanzen auf Kosten von Ammoniaksalzen aufbauen.

Nach den Erfahrungen **Boussingaults** spielen die Nitrate eine äuſserst wichtige Rolle in der Ernährung der höheren Pflanzen; dagegen haben uns die Arbeiten von **Mayer** und **E. Laurent** gezeigt, daſs sie für Hefen nicht assimilierbar sind.

Die Hefe kann sich im Hühnereiweiſs, im Kaseïn und im Fibrin nicht entwickeln. Wir wissen, daſs diese Substanzen zu den gallertartigen Körpern gehören, welche durch poröse und vielleicht auch durch Zellmembranen nicht diffundieren können, woraus sich die Thatsache ihrer Nichtassimilierung erklären würde.

Die Hefe kann im Blut- und Muskelserum Gärung erregen. Wir dürfen daraus schlieſsen, daſs die Stickstoffnahrung der Hefe unter den wasserlöslichen und dialysierbaren Eiweiſsstoffen zu suchen ist, welche sich im Serum wie in natürlich vorkommenden Säften (Traubensaft u. dergl.) finden.

2*

Die Hefe weifs sich auch einige organische Stickstoffsubstanzen
wie Allantoïn, Harnstoff, Harnsäure, Guanin, Pepsin u. s. w. nutzbar
zu machen. Die Assimilierbarkeit des Asparagins ist nicht erwiesen;
vielleicht findet eine vorhergehende Umwandlung dieses Körpers in
asparaginsaures Ammon statt, welche dann als Ammoniaksalz der Hefe
zur Nahrung dienen könnte.

Wir sehen, dafs die zur Ernährung der Hefe am wenigsten ge-
eigneten Stickstoffsubstanzen diejenigen sind, welche bei kompliziertem
Aufbau arm an Sauerstoff sind. Am leichtesten werden die Ammoniaksalze, die peptonisierten Eiweifssubstanzen und einige amidhaltige
Körper verwendet.

Ein vielfach angewandtes Kulturmittel ist Hefewasser; es kann
gute Dienste leisten, vorausgesetzt, dafs es durch Maceration junger
Hefe gewonnen wird. Aus alter Hefe erhält man zuviel Ausscheidungs-
produkte (Kreatin und Kreatinin) von viel geringerem Nährwert.

Die Frage der Stickstoffnahrung der Hefe ist für gewisse Industrie-
zweige, wie die Brauerei, die Bäckerei und Brennerei von grofser
Wichtigkeit; der Stickstoffgehalt einer Hefe kann ebenso von günstiger
wie ungünstiger Wirkung sein.

Der Reichtum einer Hefe an Stickstoff hängt von der Rasse derselben, ihrem Alter, der passenden Zusammensetzung des Kulturmittels,
der Dauer des Versuchs, der Temperatur u. s. w. ab; Kemps konnte
sehr grofse Schwankungen — von 9,18 % bis 10,52 % — für verschiedene Generationen ein und derselben Hefe nachweisen.

In der Brauerei ist die Thatsache wohl bekannt, dafs eine an
Stickstoff zu reiche Hefe träge wird; um diesen Stickstoffgehalt zu vermindern, züchtet man die Hefe bei hohen Temperaturen in einem gezuckerten, mineralischen, gut gelüfteten, aber stickstofffreien Nährmittel.
Dieses entzieht dann schnell der Hefe ihren Stickstoff. Hayduck
konnte den Stickstoffgehalt der Hefe von 9,57 % auf 7,89 %, von
9,07 % auf 8,28 %, von 9,02 auf 7,03 herabsetzen.

Versuche, welche ich mit zwei ober- und untergärigen Bierhefen
unter gleichen Temperaturverhältnissen in Würzen von verschiedenem
Stickstoffgehalt durchgeführt habe, zeigten mir, dafs die der Würze
entnommene Stickstoffmenge bei der Unterhefe immer geringer ist als
bei der Oberhefe. Dieses Beispiel zeigt uns den Einflufs der Rasse.

Im allgemeinen kann, wenn man Zuckerwasser durch Hefe vergären läfst, das Gewicht der Hefe während der Gärung wachsen, un-
verändert bleiben oder auch herabsinken, je nach dem Verhältnis des
anfänglichen Zuckergehaltes; aber das Gesamtgewicht des Stickstoffs,
welchen die Hefe zu Ende der Gärung enthält, ist immer geringer
als das zu Anfang in ihr vorhandene.

Klar beweisen dies einige Zahlen aus einem Versuch Duclaux's, die wir im folgenden geben:

Analyse	Gewicht des verbrauchten Zuckers g	Trockengewicht der Hefe g	Stickstoffgehalt in %	Gesamtgeh. der Hefe an Stickstoff g	Gesamtgeh. der Flüssigkeit an Stickstoff g
Vor der Gärung	40	2,501	8,63	0,215	0,152
Nach der Gärung	—	2,236	6,36	0,148	0,216

Die ursprüngliche Zuckermenge war sehr gering, die Gärung verlief schnell und das Gewicht der Hefe veränderte sich nur sehr wenig.

Ernährung durch Kohlenhydrate. Die Hefe kann sich weder vermehren, noch auch ernähren ohne die Gegenwart von Kohlenhydraten, und darin unterscheidet sie sich von den höheren Pflanzen. Da sie kein Chlorophyll besitzt, kann sie selbst diese Kohlenhydrate verarbeiten, die sie zu ihrer Entwicklung bedarf. Die Hefe ist gezwungen, diese Körper mittelbar oder unmittelbar den mit Chlorophyllzellen versehenen Pflanzen zu entlehnen.

Welche Kohlenhydrate bevorzugt die Hefe? Mit welchen kann sie nötigenfalls vorlieb nehmen? Welche verwirft sie ganz?

Um unseren Vorstellungen von dem Nährwert eines Kohlenhydrates sichern Boden zu geben, brauchen wir es nur zur Mayerschen oder Laurentschen Nährlösung hinzuzufügen, die Hefe in ihren Lebensäußerungen zu beobachten und daraus sodann eine Skala des Nährvermögens aufzustellen.

Da wir die Raulinsche Flüssigkeit für die Hefe noch nicht kennen, so werden die Resultate nicht ganz genau sein, doch belehren sie uns hinreichend für unseren Zweck.

Außer der Zusammensetzung der Nährlösung selbst sind noch andere Fehlerquellen anzuführen, so z. B. das Alter der Hefe; eine alte Hefe kann sehr gut in einem Kulturmittel leben, das zur Ernährung einer jungen Hefe ungeeignet ist. Weiter muß hier auf den Einfluß aërober und anaërober Lebensweise hingewiesen werden, welche wir später noch zu untersuchen haben werden. So können gewisse Kohlenhydrate wie Stärke und Dextrin nur bei Berührung mit Luft assimiliert werden. In der Gruppe der Zucker haben wir solche gefunden, welche direkt, andere, welche nur nach vorhergehender Inversion vergärbar sind; andere endlich sind nur für bestimmte Hefen gärfähig, wie die Laktose. Auch hier wieder tritt uns der Einfluß der angewandten Heferasse entgegen.

Wie uns Pasteur und Nägeli bewiesen haben, kann Bierhefe aus Zucker, Mannit, Glycerin, Dextrin, Amygdalin und Salicin ihre Nahrung ziehen. Laurent hat unsere Kenntnisse in dieser Richtung sehr erweitert; er teilte die Hydrate in zwei grosse Gruppen. Die eine umfasst diejenigen Körper, welche zur Ernährung der Hefe untauglich sind, wie die Alkohole, Aldehyde, Äther, Fettsäure (im Säurezustand), Amide, das Glykokoll, Hydrochinon, die Cellulose u. s. f.

In der anderen Gruppe finden wir die organischen Salze: Acetate, Laktate, Citrate, Tartrate, Malate, die Citronensäure, Weinsäure, Äpfelsäure, die bernsteinsauren Salze, die Zucker, weiter die Körper, welche zu Zuckern werden können, die Glykoside, das Dextrin. Eine solche Einteilung kann offenbar nur eine vorläufige sein.

Der Assimilation des Salicins, des Amygdalins etc., der Malate, Acetate etc. geht zweifellos eine Art Spaltung im Inneren der Hefezelle voraus, wie es bei der Reife der Früchte der Fall ist.

Glykogen. Ist die Ernährung durch Kohlenhydrate günstig genug, so ist die Hefe im stande, sich einen Vorrat davon in Form von Glykogen anzulegen; diese Thatsache ist von Pasteur, Béchamp, Duclaux, Nägeli, Errera, Loew und Laurent festgestellt worden.

Pasteur hatte beobachtet, dass eine wohlgenährte Hefe durch Aufkochen mit verdünnter Schwefelsäure viel Zucker ergab, welcher der Gegenwart von Glykogen seinen Ursprung verdankte.

Glykogen wird fortwährend von der Hefe angehäuft und verbraucht.

Diese Arbeit vollzieht sich im Innern der Hefezelle, vermutlich zunächst auf Kosten des Zuckers; doch geht aus anderen Untersuchungen hervor, dass gewisse andere Kohlenhydrate ebenfalls hier eine Rolle spielen.

Nach Errera und Laurent hängt die Bildung des Glykogens von einer Reihe von Faktoren ab, unter denen der Säuregehalt, Lüftung u. s. w. zu erwähnen sind. Laurent hat die Bildung von Glykogen in dreitägigen Hefekolonien auf Würzegelatine beobachtet, ebenso wie seine Bildung auf Kosten von Bernsteinsäure, bernsteinsaurem Ammon, von milchsauren Salzen, von Mannit, Salicin, Asparagin, Amygdalin, Pepton, von Zuckern etc.

Die Anwesenheit von Glykogen in der Hefezelle ist durch die tiefbraune Färbung nachzuweisen, welche die letztere bei Behandlung mit Jodtinktur annimmt. Diese Färbung verschwindet bei Erhitzung auf 60°. Das Glykogen tritt besonders zu Ende der Hauptgärung auf und verschwindet durch abermalige Gärung der Hefe.

Laurent hat seine Bestimmung durch die drei folgenden Methoden versucht:

1. Indem er das Glykogen durch Säuren in reduzierenden Zucker umsetzte, ohne die Membranen zu verändern.

2. Indem er eine bestimmte Menge gut genährter, mit reichem Vorrat versehener Hefe wog, sodann eine gleiche Gewichtsmenge durch Autophagie erschöpfte und den Gewichtsverlust bestimmte.

3. Indem er die Alkoholmenge bestimmte, welche eine gewisse Menge der Autophagie unterworfener Hefe lieferte, und davon die Menge des verbrauchten Zuckers abzog.

Laurent konnte auf diese Weise die Anwesenheit von Glykogen mit 32 bis 58% bestimmen. In neuster Zeit hat Clautriau ähnliche Zahlen erhalten.

Autophagie. — Solange die Hefemenge 40% vom Gewicht des Zuckers nicht übersteigt, so ist das Ende der Gärung immer deutlich zu erkennen. Wenn aber das Gewicht der Hefe dem des Zuckers nahe kommt, so geht die Gärung nach dem Verschwinden des Zuckers weiter, und zwar umso länger, je gröfser das Gewicht der verwandten Hefe ist.

In einer reinen Gärung ist das frei werdende Gas reine Kohlensäure, welche oft das berechnete normale Gewicht bis aufs Doppelte übersteigen kann. Der Alkoholgehalt steigt gleichfalls von Tag zu Tag, und oft erhält man eine gröfsere Ausbeute, als der Zuckergehalt anscheinend erwarten liefs. Diese Erscheinung ist die sog. Autophagie der Hefe.

Sie ist leicht zu beobachten, wenn man Hefe in gewöhnlichem Wasser mit einem Antiseptikum (Kreosot, Phenol u. s. w.) sich selbst überläfst.

Den gröfsten Teil unserer Kenntnisse in dieser Richtung verdanken wir Schutzenberger und Destrem. Sie verglichen die anfängliche und endliche Zusammensetzung zweier gleicher Hefemengen miteinander, welche gleichlange Zeit, 24 Stunden, in einem Kulturschrank bei 30° gehalten worden waren. Die eine war sich selbst überlassen worden, während zur anderen ihr doppeltes Gewicht an Zucker hinzugefügt worden war.

In diesem letzteren Falle stellten sie eine merkliche Zunahme des Gewichtes der lebenden Zellen, Aufnahme von C, H, O, und Ausscheidung von Stickstoff während der Gärung fest, wobei der in der Hefenzelle vorhandene unlösliche Stickstoff löslich wird. Im anderen Falle, bei Abwesenheit von Zucker, nahm die Hefe an Gewicht ab; der Verlust beruhte hauptsächlich auf der Überführung von Kohlenstoff in Kohlensäure.

In beiden Fällen jedoch ist der lösliche Teil ärmer an Kohlenstoff und reicher an Sauerstoff als der unlösliche Teil; es hat also eine Oxydation des in heissem Wasser löslichen Teils auf Kosten des anderen Teils stattgefunden.

Vergleichen wir die Erscheinung der Autophagie mit der Gärung, so kann man sagen, dafs, wenn die Hefe ohne Zucker sich selbst überlassen wird, die Exkretion über die Assimilation den Vorrang gewinnt; im allgemeinen jedoch wird man zugeben, dafs bald die eine, bald die andere überwiegt. In der That dauert die Zersetzung des Zuckers noch sehr lange im Innern der Hefezelle an.

Durch wiederholtes Auswachsen der Hefe erhält man verschiedene Körper: Eiweifs, eine Gummiart, Leucin, Tyrosin, Xanthin, Guanin, welche aus der Spaltung der ursprünglich in unlöslichem Zustande in der Hefezelle vorhandenen Proteïnstoffe hervorgehen.

Kapitel IV.

Hefe in Reinkultur.

Allgemeine Bemerkungen. — Die Trennung der Hefearten ist zugleich von praktischem wie von theoretischem Interesse. Es ist für uns in der That sehr wichtig zu wissen, ob die verschiedenen aufgestellten Heferassen im stande sind, verschiedene Produkte zu liefern, und ob die Störungen in der Gärungsindustrie auf wilde Hefen zurückgeführt werden müssen. Andrerseits können in physiologischer Hinsicht nur solche Arbeiten in Betracht kommen, welche mit reingezüchteten Arten ausgeführt sind. Zur Erlangung dieser letzteren waren aber die im zweiten Kapitel aufgeführten Unterscheidungsmerkmale nicht zureichend.

Apparate, Instrumente, Kulturmedien. — Die zur Hefezüchtung nötigen Apparate sind dieselben, welche zur Trennung der verschiedenen Mikroben dienen: Reagensgläser, Petrischalen, Pasteurkolben verschiedener Art, Hansenkolben, feuchte Kammern, der Chamberlandsche Autoklav, der Heifsluftsterilisator, ein Thermostat nach Pasteur u. s. f.

Die Kulturmedien sind fest oder flüssig; man bedient sich künstlich gezuckerter Lösungen oder auch eines Absuds (Malzkeimabsud, Hefewasser, Malzwasser) oder endlich natürlicher Säfte wie des Traubenmostes, des Saftes von Äpfeln, Rüben, Karotten etc. Für feste Nährböden wird den genannten Flüssigkeiten 7 bis 8 % Gelatine oder 2 % Agar - Agar beigegeben. Sterilisiert werden sie nach den üblichen Methoden: durch Erhitzen im Autoklaven oder auch im kochenden Wasserbad an drei aufeinander folgenden Tagen mit je 24 Stunden Zwischenraum.

Methoden der Hefereinkultur.

a) Physiologische Methoden. Die verschiedenen Hefearten eines Gemisches, z. B. des Fafsbodensatzes, vermehren sich ihrer verschiedenen Natur folgend ungleichmäfsig, wenn man sie bei der gleichen

Temperatur in gleichen Nährböden züchtet. Diejenigen Arten, welche die günstigsten Bedingungen finden, werden sich natürlich vorwiegend vermehren.

Der Zufall spielt hier offenbar eine große Rolle; können die kräftigen Arten wohl die übrigen überflügeln, so können die schwächeren Arten doch noch vorhanden sein und nur günstigere Verhältnisse zu ihrer Entwicklung abwarten.

Geschicklichkeit in der Anstellung des Versuchs ist von großem Einfluß auf das Gelingen. Pasteur hat mit dieser Methode gearbeitet; er brachte eine Zuckerlösung mit einer Beigabe von Weinsäure zur Anwendung und begünstigte auf diese Weise die Hefen auf Kosten anderer Mikroben, welche alkalische Nährmedien bevorzugen. Er konnte so — selbstverständlich unter steter mikroskopischer Kontrolle — vollkommen reine Hefen erzielen.

Seitdem haben Hansens Arbeiten gezeigt, daß die Weinsäure häufig wilde Hefen begünstigt, und zwar in so hohem Maße, daß diese letzteren die Oberhand gewinnen und man so nicht gewünschte Arten erhält.

Das Effrontsche Flußsäureverfahren scheint ähnliche Resultate zu ergeben; wilde Hefen und Mycodermen können sich gelegentlich reichlicher und besser entwickeln als die Kulturhefen.

b) **Verdünnungsverfahren.** — Das Wesentliche dieses Verfahrens besteht darin, die Flüssigkeit mit den zu isolierenden Organismen derartig zu verdünnen, daß sich in einer gegebenen Flüssigkeitsmenge nicht mehr als eine einzige Zelle befindet.

Lister war der erste, der sich dieser Methode bei seinen Untersuchungen über die Erreger der Milchsäuregärung bediente; er bestimmte die Zahl der Bakterien aus einem Tröpfchen geronnener Milch unter dem Mikroskop in mehreren Gesichtsfeldern und schloß daraus auf die nötige Verdünnung mit sterilisiertem Wasser, welche ihm weniger als ein Bakterium auf das Tröpfchen ergeben sollte.

Dieses Verfahrens haben sich Nägeli, Fitz, Pasteur bedient; Pasteur vermischte eine kleine Menge gut getrockneter Hefe mit Gips zu einem feinen Pulver. Dasselbe wurde in einer gewissen Höhe über einer Anzahl offener, mit sterilisierter Würze beschickter Gärkolben verstäubt. In einem Teil dieser letzteren entstanden Kulturen, während der Rest steril blieb.

Dieses schon sehr gute Verfahren wurde noch von Hansen vervollkommnet. Er verdünnt zuerst die aufgefrischte Hefe mit sterilisiertem Wasser. Nach tüchtigem Schütteln zählt man die in einem Kubikcentimeter befindlichen Zellen durch Bestimmen eines Tröpfchens mit karriertem Deckgläschen auf der feuchten Kammer.

Man kennt nun die in einer bestimmten Menge der Flüssigkeit enthaltenen Hefezellen und kann darnach derartig weiter verdünnen, dafs
ein Kubikcentimeter des endlichen Gemisches 0,5 Zellen enthält. Verteilt
man dasselbe nun auf verschiedene Gärkölbchen, so werden auf
die einen mehrere, auf die anderen eine einzige Zelle kommen, welche
im Lauf ihrer Entwicklung einen einzigen Vegetationsflecken gibt.
Wieder andere werden ganz leer ausgehen.

Nehmen wir zum Beispiel an, dafs ein Tropfen 5 Zellen enthalte;
bringen wir nun einen Tropfen gleicher Gröfse in einen Kolben mit
10 ccm sterilen destillierten Wassers, so werden wir mit einiger Wahr-
scheinlichkeit annehmen können, dafs sich in diesem Kolben nur
5 Hefezellen befinden. Wir schütteln nun tüchtig und geben je einen
Kubikcentimeter in 10 andere Kölbchen mit steriler Würze, die darauf
sich selbst überlassen werden. Nach Verlauf von einigen Tagen werden
am Boden einiger dieser Kölbchen 1, 2, 3 oder mehrere weifse Flecken
auftreten: die Kölbchen mit einem einzigen Flecken enthalten eine
Reinkultur.

c) **Lindners Tröpfchenmethode.** — Lindner hat dieses Verfahren
in besonderer Weise umgeändert; er entnimmt mit flambierter Pipette
resp. Feder ein wenig eines verdünnten Hefegemisches und berührt
nun hintereinander eine gewisse Zahl von Punkten einer sterilen Petri-
schale. Überall wo eine lebende Hefezelle hinkommt, wird sich ein
Flecken entwickeln.

Das Verfahren hat denselben Erfolg, wenn man die Tröpfchen
auf einem Deckgläschen anbringt. Die Hefe soll im sterilisierten Most
natürlich derart verteilt sein, dafs jedes Tröpfchen nicht mehr als
eine oder zwei Zellen enthält. Das Deckgläschen wird auf eine feuchte
Kammer aufgesetzt, und unter dem Mikroskop verfolgt man nun die
Entwicklung der Hefezelle sowie die Art und Weise ihrer Vermehrung,
um sie von beigemengten Verunreinigungen zu unterscheiden. Man
kann sich so eine reine Kultur heraussuchen und ihre Lage bezeichnen,
um dann mit flambiertem Filtrierpapier oder einer Platinöse eine Spur
davon in Nährflüssigkeit oder Gelatine zu übertragen.

d) **Feste Nährböden.** — Die Anwendung fester (mit Gelatine ver-
setzter) Nährböden ist die Erfindung Kochs; zur Verwendung kommen
Gelatine, Agar-Agar, Agargelatine und endlich Glyceringelatine.

Koch bevorzugte Agar-Agar aus verschiedenen Gründen: erstens
wird es erst bei höherer Temperatur verflüssigt als die Gelatine
und ist daher auch für Kulturen von Mikroben verwendbar, welche
Temperaturen von 38 bis 40° verlangen, zweitens kann es längeres
Kochen vertragen, drittens wird es auch von solchen Mikroben nicht
verflüssigt, welche die Gelatine verflüssigen.

Für die Gelatine sprechen folgende Vorzüge: erstens schmilzt sie bei niedrigerer Temperatur und eignet sich besser zur Trennung der Keime, zweitens ist sie leicht zu klären, drittens treten die Kolonien in ihr morphologisch mit charakteristischeren Merkmalen auf.

Technik. — Eine kleine Menge des unreinen Materials wird in viel sterilisiertem Wasser verteilt und darauf ein Tropfen des erhaltenen Gemisches in vorher verflüssigte Bouillongelatine eingeführt. Nach tüchtigem Schütteln wird dieselbe auf eine große sterilisierte Glasplatte gegossen und das Ganze mit einer Glocke überdeckt. Die Kulturen entwickeln sich nun und können leicht studiert werden. War die Verdünnung hinreichend und die Trennung der Keime durch gutes Schütteln gelungen, so erhält man sehr reine Kulturen.

Man kann auch eine ganz feine Platinöse in das Gemisch eintauchen und dieselbe dann hintereinander in sechs bis sieben Reagensgläser mit Nährgelatine einführen. Die Reagensgläser werden gut geschüttelt und fast horizontal gelegt, um die Gelatine möglichst auszubreiten. In dem einen oder anderen Reagensglas werden sich zwei bis drei Kolonien entwickeln; dieselben werden in flüssige Nährböden übertragen und ihre Reinheit mikroskopisch kontrolliert. Auf diese Weise gelingt die Trennung vollkommen, wie ich mich z. B. bei einem beabsichtigten Gemisch von Wein-, Apfelwein- und Rosahefen überzeugen konnte.

H a n s e n hat dieses Verfahren zur Vollkommenheit entwickelt; er breitet die infizierte Gelatine **auf** einem karrierten Deckgläschen in so dünner Schicht aus, daß sie bequem unter dem Mikroskop beobachtet werden kann. Bei passender Verdünnung befinden sich nur einige wenige Keime in der Nährgelatine auf dem Deckgläschen, welches einer feuchten Kammer aufgesetzt wird. Der Ort, wo sich ein gut isolierter Keim befindet, wird bezeichnet und damit die Möglichkeit gegeben, seine Entwicklung und Vermehrung von Anfang bis Ende zu verfolgen.

Sind die Kolonien genügend entwickelt, so werden sie mit sterilem Platindraht in Nährflüssigkeit übertragen. Bei all diesen Methoden kann natürlich während der Überimpfung der Kulturen aus einem Nährboden in den anderen Infektion aus der Luft her stattfinden; doch kann man sich mit einiger Sorgfalt leicht davor schützen, zumal, wenn man die Impfung des Morgens vornimmt, bevor der Staub im Laboratorium durch Fegen aufgewirbelt wird; auf diese Weise ist die Anwendung eines besonderen gläsernen Impfkastens nicht geboten.

Es steht außer allem Zweifel, daß mit dem Hansenschen Arbeitsverfahren auf festem Nährboden die bakteriologische Forschung im allgemeinen einen großen Schritt vorwärts gethan hat.

Die Kultur auf festem Nährboden ist jedoch nicht ohne Nachteile, deren wichtigster darin besteht, dafs die Nährstoffe den Keimen
nur durch Diffusion und so langsam zugeführt werden, dafs die Keime
gelegentlich vor der Entwicklung zu Grunde gehen können. Flüssige
Nährmedien dagegen bieten denselben Keimen die günstigsten Lebensbedingungen.

Bestimmung der Hefearten. Allgemeines.

Durch das eine oder andere Verfahren ist es uns gelungen, eine
Anzahl je aus einer einzigen Zelle hervorgegangener Arten zu isolieren;
es handelt sich nun darum dieselben zu bestimmen. Dazu stehen
uns morphologische, chemische und physiologische Merkmale zur
Verfügung.

Von vornherein mufs darauf aufmerksam gemacht werden, dafs
das Aussehen einer Hefezelle von einer Reihe von Bedingungen abhängen kann, unter anderen von dem Entwicklungsstadium, in dem
sich die Zelle eben befindet. So ist das Protoplasma während des
Wachstums hyalin und homogen; mit steigender vegetativer Thätigkeit
treten Inhaltskörper verschiedener Art auf, durchscheinende, mit Flüssigkeit erfüllte Partien (Vakuolen), andere mit Fettkörpern oder verdichtetem Plasma (Raumsche Granula). Mit dem Alter wird das Plasma
gekörnt. Bringt man diese alten Hefezellen in gärfähige Zuckerlösung,
so verschwinden erst die Körnchen, dann die Vakuolen und zum
Schlufs ist das Protoplasma vollkommen homogen.

Die Hefezellen enthalten gleichfalls Zellkerne, welche durch Färbung
mit Hämatoxylin und Alaun hervortreten.

Hieronymus berichtet von sog. »Centralfäden« in der Zelle,
welche sich besonders in Milch und Rübenzuckerlösungen zeigen und
in Spiralen, Rosenkranzform oder Knäueln angeordnet sind.

Die Hefezelle ist demnach je nach ihrem Alter, den Lebensbedingungen, welchen sie ausgesetzt ist etc., sehr verschieden beschaffen;
und Pasteur konnte daher sagen, dafs Hefe aus Zellen bestehe, welche
unter sich als Individuen durchaus nicht identisch sind. Jede Zelle
besitzt Art- und Rasseneigentümlichkeiten, welche sie mit ihren Nachbarzellen gemein hat, und aufserdem noch besondere Eigenschaften, die
sie vor anderen auszeichnen und welche sie folgenden Geschlechtern
übermitteln kann.

Wir werden im folgenden diese verschiedenen Merkmale durchnehmen und die Schwankungen untersuchen, welche sie erleiden können.

Gestalt. Gröfsenverhältnisse. — Die Form der Hefezellen ist
sehr wechselnd. Sie können rund, elliptisch, oval sein; andere nehmen

die Form von Birnen, Würsten, Citronen, Flaschen, Faden, Schläuchen etc.
an. Die Gestalt hängt ab von der Art der Hefe, ihrem Alter, der
Temperatur, dem Säuregehalt des Nährbodens, der Art des letzteren,
seinem Gehalt an Nährstoffen, von der Gegenwart oder dem Fehlen
von Sauerstoff und von äufseren Bedingungen Die Bierhefen z. B. sind
eiförmig oder rund, die Weinhefen rund oder elliptisch, die Hefen, die
zu sekundären Gärungen Anlafs geben, sind elliptisch oder länglich
(Saccharomyces pastorianus), Saccharomyces apiculatus ist citronenförmig, Saccharomyces Ludwigii flaschenförmig, während Saccharomyces
Pombe unter Oïdienform auftritt. In alten Zellen erscheint das Protoplasma körnig und stärker lichtbrechend; es erfüllt die Zelle nicht
vollständig, so dafs die Membran scheinbar doppelt ist.

Mit dem Altern der Zelle treten ein oder zwei mit Zellsaft gefüllte
Vakuolen auf, welche ein kleines stärker lichtbrechendes Körnchen
einschliefsen. Allmählich werden diese kleinen Körnchen dichter, ihr
Inneres wird narbig und stark lichtbrechend. Das Plasma zieht sich
zusammen, die Zellmembran verliert ihre straffen Umrisse und im
Innern werden leuchtende Fettkügelchen sichtbar.

Hohe Temperaturen wirken in ähnlicher Weise wie das Alter:
Zellen, welche einer zu hohen Temperatur ausgesetzt waren, haben
ein krankhaftes Aussehen. So konnte Hansen bei einer Bierunterhefe
durch abwechselnde Züchtung bei 27 ⁰ und 7 ¹/₂ ⁰ verfilzte Kolonien
mit mycelartiger Verzweigung, also Anzeichen, dafs die Hefe litt, mit
normalen Zellen vermengt beobachten.

Der Säuregehalt des Nährbodens wirkt sehr stark verlängernd
auf die Form der Hefen. Weinhefen, welche ja daran gewöhnt sind,
in sauren Medien zu leben, werden allerdings weniger davon beeinflufst;
indessen findet man im Bodensatz oft auffallend lange Zellen. Die
Milchhefen, welche gewöhnlich in neutralen Nährböden leben, werden
in sauren Medien aufserordentlich verzweigt.

Unter zu hohem Zuckergehalt des Nährbodens leiden die Hefen
auf die Dauer, während ein normaler Gehalt sie stark turgescent macht
und die Ablagerung von Glykogen begünstigt. Zuckermangel befördert
die Sporenbildung.

Auch die Gegenwart und das Fehlen von Sauerstoff können auf
die Form beeinflussend wirken. Nach Absorption des Sauerstoffs
werden die Zellen eiförmig oder kugelig, die Glieder kürzer und weniger
umfangreich; das Plasma wird flüssiger und füllt sich mit durch-
scheinenden Vakuolen.

Die Gröfsenverhältnisse stehen in enger Beziehung zu diesen
Formschwankungen; wenn die Hefe leidet, so nimmt der Querdurch-
messer ab, während die Länge zunimmt.

Diese grofse Veränderlichkeit der Formen zeigt, wie begründet Pasteurs Ausspruch war, dafs scheinbar verschiedene Formen oft ein und derselben Art angehörten, und dafs unter gleichen Formen sich oft tiefgreifende Verschiedenheiten bergen können.

Aus diesem Wechsel der Formen und Gröfsenverhältnisse ergibt sich, dafs morphologische Merkmale nur ausnahmsweise zur Bestimmung von Arten wie etwa des Saccharomyces apiculatus, von Oberhefen etc., herangezogen werden können.

Sprossung. — Nach der Sprossung können die Tochterzellen noch einige Zeit an die Mutterzelle geheftet bleiben, oder aber sich von derselben trennen: Oberhefe und Unterhefe. Ursprünglich fanden diese beiden Bezeichnungen vorzugsweise auf Brauereihefen Anwendung (Fig. 1).

Pasteur bereits wies nach, dafs die Sprossung durchaus nicht auf die gleiche Weise verläuft, je nachdem die Zelle jung ist oder unter schlechten Ernährungsverhältnissen gealtert ist.

Die Oberhefen zeigen fast kugelige oder nur sehr wenig verlängerte, ziemlich dicke Zellen; die Glieder von verschiedenen Generationen bleiben an einander befestigt und

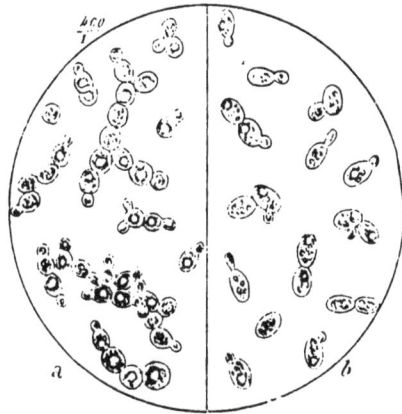

Fig. 1. a Oberhefe, b Unterhefe.

bilden so verästelte Häufchen oder Rosenkränze. Erst nach Beendigung der Gärung sind vereinzelte Zellen zu finden. Diese Hefen lieben hohe Temperaturen; sie steigen mit der Kohlensäure an die Oberfläche der Würze empor, wo sie eine den Wänden fest anhaftende Decke bilden.

Die Unterhefen dagegen sprossen selten in Rosenkranzverbänden. Die Zellen lösen sich leicht von der Mutterzelle los und entwickeln sich gewöhnlich zu zweien oder alleine. Sie vergären die Würze bei niederer Temperatur und bleiben auf dem Boden des Gärgefäfses liegen.

Die Sprossung ist nicht die einzige Vermehrungsart der Hefen; so geschieht bei Schizosaccharomyces Pombe, Schizosaccharomyces octosporus etc. die Fortpflanzung durch Bildung von Scheidewänden. Die genannten Formen treten in Gestalt cylindrischer, an den Enden abgerundeter Zellen auf, deren Gröfse schwankend ist und im allgemeinen zunimmt, je mehr ihnen der Nährboden günstig ist. Nach und nach bildet sich eine Art Schlauch, er wächst in die Länge, bis er das Mafs der ursprünglichen Zelle erreicht hat, welcher er endlich vollkommen gleicht. Gelegentlich zeigen mehrere an einander haftende

Zellen Auswüchse in Gestalt stark in die Länge gezogener Schläuche. Die Scheidewände treten gemeinhin in der Mitte der Zelle auf und können in verschiedenen Richtungen inseriert sein. Im mäfsig homogenen Protoplasma findet sich stellenweise feine Körnelung.

Zwischen der gewöhnlichen Sprossung und der Scheidewand-bildung liegt die Art und Weise der Vermehrung bei Saccharomyces Ludwigii. Die jungen Zellen sind ziemlich gleichmäfsig gestaltet, leicht eiförmig und wachsen in der Längsrichtung. Hat die Zelle eine ge-wisse Gröfse erreicht, so bildet sich gewöhnlich in der Mitte eine Quer-wand. Wenn dann nach einiger Zeit die Spannung im Inneren zu stark wird, so spaltet sich diese Scheidewand, und die beiden neuen Zellen runden sich sogleich ab. Gewöhnlich bleiben diese Zellen noch an einem Punkt mit einander verbunden, um welchen sie sich wie um eine Angel drehen; später trennen sie sich.

Aussehen des Bodensatzes. — Die Hefe kann schwimmen und in der Flüssigkeit suspendiert bleiben, sie kann sich zu Boden setzen, sich zu Krümeln oder Klumpen vereinigen, sich an den Wänden des Kolbens festsetzen u. s. f. Sie klärt auf diese Weise die vergorene Flüssigkeit mehr oder weniger schnell.

Hansen beobachtete im Jahre 1884, dafs gewisse Saccharomyceten im stande sind, ein gelatinöses Netzwerk auszuscheiden, zwischen dessen Strängen oder Bändern die Hefezellen eingelagert sind. Diese gelatinöse Ausscheidung scheint bei der Krümelbildung eine Rolle zu spielen. Das Netzwerk läfst sich bei der Bildung der Haut und bei Kulturen auf Gelatine beobachten; deutlich tritt dasselbe auch hervor, wenn man eine kleine Menge Brauereihefe in einem zugedeckten Becherglas langsam eintrocknen läfst und dann von neuem mit Wasser verdünnt.

Die Menge der Stickstoffnahrung, sowie ihre Natur, die Dichte der Hefezellen, überreiche Nahrung, die Heferasse u. s. w. mögen bei dieser Erscheinung von Einflufs sein.

Hautbildung. — Wenn eine Hefe alkoholische Gärung hervor-gerufen hat, so treten damit nicht alle Zellen in ein Altersstadium ein: ein Teil beginnt bei Berührung mit der Luft zu sprossen und bildet entweder eine Haut auf der Oberfläche der Flüssigkeit, eine Krone oder einen Ring an der Berührungslinie der Oberfläche mit der Wand des Kolbens. Die Hefe lebt so wie ein Schimmelpilz mit breiter Oberfläche; sie nimmt Sauerstoff aus der Luft auf und verbrennt durch ihn die verschiedenen ihr zu Gebote stehenden Kohlenhydrate, so z. B. die Kahmhaut der sog. Mykohefe.

Nach Pasteur kann jede Hefe unter zweierlei Form auftreten: anaërob während der Gärung und aërob nach der Gärung; im letzteren

Falle wird sie an die Oberfläche steigen, um dort wie ein Schimmelpilz in Berührung mit der Luft zu leben.

Oberhefe in aërober Lebensweise tritt in kleinen vereinzelten
Flecken auf der Oberfläche der vergorenen Flüssigkeit mit kugeligen,
in verzweigten Gruppen sprossenden Zellen auf.

Aërobe Unterhefe erinnert in Form, Gröfsenverhältnissen, Art
und Weise der Sprossung ganz an die gewöhnliche Unterhefe.

Diese aëroben Hefen werden schnell ganz unabhängig von der
Mutterzelle und die gebildete Haut zerreifst sehr leicht.

Will wies nach, dafs der Bildung der echten Hautzellen immer
die Entstehung einer Art von Zellen vorhergeht, die er als »erste
Generation der Hautzellen« betrachtet.

In alten Hautkulturen kann man alle Zellformen bis zu ganz
langen, fast mycelartigen, stark verzweigten Exemplaren finden, Wurst-
formen mit grofsen Vakuolen, schlauchförmige Zellen u. s. w. Auch
birn-, zitronen- und keulenförmige Zellen finden sich. Solche Zellen
können 24, 40 und bis zu 100 m lang werden. Weiterhin kommen
darin Zellen mit Sporen vor; andere zeigen einen sehr deutlichen
Zellkern. Die Hautbildung tritt nicht bei allen Temperaturen auf.

Übrigens kann die Haut völlig gebildet sein, bevor die Hauptgärung zu Ende ist, wie ich bei Bananen und Ananashefen feststellen
konnte, welche in 24 Stunden eine Haut bilden. Auch die Zuckerart
spielt hier mit. Wenn man die Kultur schüttelt, so fällt die Haut in
Fetzen zu Boden und wird auf der Oberfläche durch eine neue ersetzt,
so dafs solche Flüssigkeiten sich schwer klären.

Viele Hefen geben früher oder später eine Haut. Die Ruhe der
Nährflüssigkeit, sowie der freie Zutritt der Luft zur Oberfläche derselben
sind die wesentlichen Vorbedingungen für diese Erscheinung. Nach Will
ist die Lüftung der Hautbildung günstig; auch die Temperatur und
der Säuregehalt des Nährbodens üben einen gewissen Einflufs darauf aus.

Solche Häute sind von verschiedener Dicke und wechselndem
Aussehen. Sie setzen sich mehr oder minder schnell zu Boden.
Gelegentlich verdickt sich eine Haut bis zu einer gräulichen, gefalteten
Decke. Diese Erscheinung tritt nach meinen Versuchen mit Bananen-
hefen zumal in sauren Nährmedien auf. Manche Hefen bilden sehr
zarte mattgraue Häute; bei anderen sind sie dicke gallertige, mehlige,
trockene oder glänzende Belege. Die Zellen der Haut sind sehr lang.

Hansen hat beobachtet, dafs man die Heferassen durch die
Grenztemperaturen (6 bis 40°) bestimmen kann, zwischen welchen die
Hautbildung stattfinden kann, sowie durch die Zeitdauer, welche diese
letztere bei einer bestimmten Temperatur erfordert, und endlich durch
das Aussehen der Hautzellen.

Die Hautbildung ist stets von einer Entfärbung der Würze begleitet; besonders deutlich ist dieselbe in gröfseren Kolben und bei höheren Temperaturen.

Nach Will kann man die Anwesenheit von Hautzellen in Bodensatzhefe durch konzentrierte Schwefelsäure nachweisen: diese Zellen sind mit Öltröpfchen erfüllt, welche durch die Säure grünlichgrau bis schwarzbraun gefärbt werden.

Ring- und Kronenbildung. — Die Haut überzieht, wie gesagt, manchmal die ganze Oberfläche der Flüssigkeit gleichmäfsig; manchmal aber bleibt sie an der Wand hängen. Die Häute wechseln, wie wir gesehen haben, ihr Aussehen mit dem Alter. Die dicken, schweren Hautbildungen fallen nach und nach zu Boden und es bleibt zuletzt nur ein äufserst leichter und feiner Schleier zurück. Oft bildet sich indessen längs der Gefäfswand ein vollkommener Ring aus dickwandigen Zellen. Dieselben sind, wie in Gelatinekulturen, sehr langgestreckt. In diesem Ring findet man häufig Zellen mit Sporen, zumal in mineralischen Nährlösungen, welche saures phosphorsaures Kalium, Magnesiumsulfat, Zitronensäure, Pepton und Rohrzucker enthalten.

Bei manchen Hefen ist die Ring- oder Kronenbildung sehr deutlich; bei anderen ist sie schwach, wieder bei anderen tritt sie nie auf.

Sporenbildung. — Cagniard-Latour und Schwann hatten gegen 1839 entdeckt, dass die Hefen sich auf zweierlei Art und Weise fortpflanzen können: nach Art der höheren Pilze durch Sprossung, d. i. Entwicklung neuer Zellen an ihrer Peripherie, oder aber durch Bildung kleiner Körper im Innern der Zelle, welche durch Zerreifsung dieser Mutterzelle frei werden.

Die erste Beschreibung dieser kleinen Körper oder Sporen stammt von de Seynes und Reefs aus dem Jahre 1869; Reefs wies nachdafs die Hefe in nahrungsarmem Medium durch endogene Sporenbildung sich fortpflanze.

Überläfst man Hefe in dicker Lage auf Gelbrüben- oder Kartoffel, scheiben sich selbst, so kann man nach einiger Zeit, die nach der Heferasse wechselt, beobachten, wie das Protoplasma in der Zelle feinkörnig und von feinen Vakuolen durchsetzt wird, welche allmählich verschwinden. Gleichzeitig treten Fettkügelchen von verschiedener Gröfse und abgerundete Protoplasmakörperchen auf. Die Anhäufungen verdichteten Plasmas umgeben sich bald mit einer Wandung, welche je nach der Art mehr oder weniger deutlich hervortritt. Sie bilden in der Zelle eine Art Insel, welche bald durch Bildung von Scheidewänden und Schwellung zu zwei, drei, vier und mehr Plasmahäufchen mit stärker lichtbrechendem Kern zerfallen. Das sind die Sporen der Hefe.

Bei diesem Vorgang wird jede Zelle zum Behälter, dessen Gestalt mit der Zahl der in ihm enthaltenen Sporen wechselt; elliptisch mit zwei Sporen, dreieckig mit drei Sporen, und rautenförmig oder tetraëdrisch mit vier Sporen.

Die Sporen sind die Dauerform der Hefezelle äußeren Einflüssen gegenüber. Ihre Umrisse sind ziemlich scharf, sie sind reicher an Protoplasma und ärmer an Wasser. Gelegentlich geht ihrer Entstehung die Bildung einer oder mehrerer Vakuolen voraus. Bei gewissen Hefearten teilt sich, nach mehreren Autoren, das Granulum bei der Sporenbildung in zwei Teile.

R e e f s nannte sie Askosporen und stellte die Hefen unter die Askomyceten.

E n g e l bestrich die Oberfläche eines feuchtgehaltenen Gipsblockes mit frischer, gut mit Wasser ausgewaschener Hefe; auf diese Weise sind Sporen leicht zu erhalten, und das Verfahren wird auch am häufigsten zu diesem Zwecke angewandt. E l l i o n arbeitet mit Würfeln aus ausgeglühtem Porzellan, welche sich leicht reinigen lassen.

Auch in vielen anderen Fällen kann man Sporen erhalten: so z. B. wenn man Hefe in teigiger Masse auf feuchtem Filtrierpapier ohne Nahrung lässt, oder auch, wenn man sie in Hefewasser oder auf Gelatine bringt. Gelegentlich findet man Sporen in der Haut. Ebenso sind sie zu erhalten, wenn junge Hefe in Laktoselösung mit einer Spur Liebigschen Fleischextrakts gebracht wird (D u c l a u x). P a s t e u r fand Sporen, als er erschöpfte Hefe in einer Saccharoselösung sich selbst überließ.

Die Anzahl der Sporen schwankt zwischen zwei, drei und vier bis zu zehn, ihre Grösse zwischen 2,5 und 6,4 μ. Im allgemeinen sind sie rund, mehr oder weniger kreisförmig; auch nierenförmige, bohnenförmige (S. marxianus) und hutförmige (S. anomalus) kommen vor.

B e y e r i n c k hat nachgewiesen, dafs vor der Sporenbildung beim Schizosaccharomyces octosporus (mit acht Sporen) acht Kerne auftreten; vielleicht spielt sich derselbe Vorgang auch bei anderen Arten ab.

Die sehr schwankende anatomische Struktur der Sporen hat H a n s e n zur Bestimmung der Arten benutzt. Weiter beobachtete er, dafs die Kulturhefen ihre Sporen bei bestimmten Temperaturen viel später entwickelten als die wilden Hefen. Die jungen Sporen von guten Hefearten besitzen eine deutliche Membran und ungleichen, körnigen, mit Vakuolen durchsetzten Inhalt, während die wilden Hefesporen gewöhnlich mit einer weniger auffallenden Membran und stärker lichtbrechendem, homogenem Inhalt versehen und ausserdem im ganzen kleiner sind. Doch sind diese letzteren Merkmale nicht zuverlässig.

Im allgemeinen hängt die Sporenbildung in hohem Masse von dem Zustande der Zellen ab, je nachdem die Hefe bei hoher oder niederer Temperatur gezüchtet, jung oder alt, schwach oder kräftig ist, aus diesem oder jenem Nährmedium kommt. Um also aus der Sporenbildung wirklich wertvolle Anhaltspunkte für die Bestimmnng der Arten zu gewinnen, müfste man immer mit Hefen von gleichem Alter arbeiten, sie gleich oft und in gleicher Weise auffrischen, sie bei derselben Temperatur halten, kurzum stets ein bestimmtes typisches Arbeitsverfahren in Anwendung bringen. Wir müfsten also ein solches Verfahren suchen, welches uns in der kürzesten Zeit in möglichst vielen Zellen möglichst viele Sporen ergibt.

Wir wissen nun, dafs für die Sporenbildung die Hefen jung und kräftig sein müssen; weiterhin sind von nöten eine mäfsig feuchte poröse Unterlage, reichlicher Luftzutritt, Ausschlufs von Nährstoffen und passende Temperatur.

Gewisse Hefen geben sehr schwer Sporen; nach meinen Erfahrungen treten sie bei Weinhefen leichter auf als bei Bierhefen. Gewisse Weinhefen bilden sogar in der vergorenen Flüssigkeit Sporen, wie es auch bei S. Ludwigii, Schizosaccharomyces Pombe und S. Bailii der Fall ist.

Die Fähigkeit, Sporen zu bilden, verliert sich manchmal, zumal wenn man die Hefen altern läfst. Doch kann sie durch Auffrischen nach einer bestimmten Reihe von Generationen (vier, sechs, zehn) wiedergewonnen werden. Die aus der Keimung der Sporen hervorgehenden Zellen ergeben nicht notwendigerweise wieder Zellen mit Sporen.

Zur Bestimmung der Arten vergleicht man jetzt allgemein die bis zum Auftreten der ersten Sporen nötigen Zeiten miteinander. Diese Zeitdauer ist nicht beständig; sie ist im Gegenteil sehr schwankend und hängt unter anderem von Zahl und Dauer der Auffrischungen ab, welchen man die Hefe unterworfen hat, bevor sie dem Hunger ausgesetzt wird (Hansen).

Aderhold hält dafür, dafs eine Beziehung zwischen der Schnelligkeit der Sporenbildung und der gröfseren oder geringeren Widerstandsfähigkeit der Hefe gegen Alkohol besteht. Nach meinen eigenen, mit verschiedenen Hefen angestellten Versuchen können alle möglichen Fälle vorkommen, so dafs ein Band zwischen beiden Erscheinungen nicht existiert.

Vielleicht besteht ein gewisser Zusammenhang zwischen der Sporenbildung und dem Stickstoffgehalt der Hefezelle. Van Laer meint, dafs stickstoffreiche Hefen ihre Sporen später bilden. Die Natur der Stickstoffnahrung und des Mediums, in welchem die Hefen sich entwickelt háben, kann hier eine gewisse Rolle spielen.

Zu den wichtigsten Faktoren gehören die Temperatur und besonders die Grenztemperaturen. Die Sporenbildung ist meist langsam
bei niederer Temperatur; sie wird mit steigender Temperatur immer
schneller bis zu einem Optimum, jenseits dessen sie wieder langsamer
wird. Die Grenztemperaturen liegen zwischen 1 und 37,5°. Die meisten
Hefen bilden ihre Sporen zwischen 15 und 25°, doch dienen, wie gesagt, besonders die Grenztemperaturen zur Bestimmung und Unterscheidung der Arten.

Hansen nahm bei seinen Untersuchungen über seine sechs
Arten die Temperatur als Abscisse und die zur Sporenbildung nötige
Zeit als Ordinate, und erhielt auf diese Weise einander sehr ähnliche
Kurven. Er beobachtete ferner, dafs die Zeitunterschiede bei niederen
Temperaturen sehr grofs werden konnten, während sie bei Tempera-
turen um 25 und 30° fast unmerklich blieben. So findet man für
zwei Hefen, deren Sporen bei 25 bis 30° ungefähr gleichzeitig auf-
treten, für Temperaturen unter 15° folgende Unterschiede:

S. cerevisiae   bei 11,5° — 10 Tage
S. Pastorianus   »   »   — 77 Stunden

Nielsen hat ähnliche Unterschiede beobachtet, wie die folgende
Tabelle zeigt:

S. membranaefaciens	S. Ludwigii
Von 32,5 bis 32° — 18 Stunden	19—21 Stunden
» 7,5 » 6° — 6 bis 7 Tage	13—14 Tage

Man wird daher immer zwei Temperaturen versuchen müssen;
eine gute und eine wilde Hefe werden z. B. bei 25° gleichzeitig Sporen
bilden können, während bei 15° Unterschiede auftreten.

Auf diese Thatsachen hat Hansen seine Methode zur Analyse
der Bierunterhefe aufgebaut; diese Hefearten bilden ihre Sporen sehr
viel langsamer als wilde Hefen. Holm und Poulsen konnten auf
diese Weise bis $\frac{1}{200}$ wilde Hefe wiederfinden.

Keimung der Sporen. — Bringt man Sporen in zuckerhaltigen
Nährboden, so sprengen sie ihre Hülle, werden frei und sprossen wie
gewöhnliche Zellen.

Erste Gruppe. — Bei der Keimung schwellen die Sporen, und
die ursprünglich dicke Membran der Mutterzelle dehnt sich aus, wird
dünn, reifst endlich und bleibt dann entweder teilweise als eine Art

Hülle an der Spore hängen, oder sie wird völlig aufgelöst. Nun bildet
sich ein Sprofs (ganz ausnahmsweise noch im Innern der Mutterzelle).
Nach der Sprossung können die Sporen vereint bleiben oder sich schnell

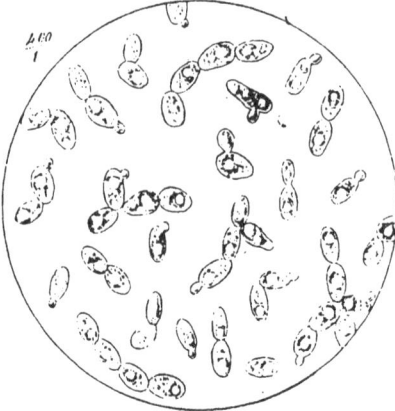

Fig. 2. — Weinhefe.

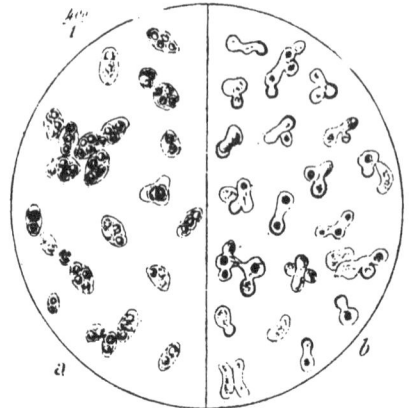

Fig. 3. — Sporen (*a*); keimende Sporen (*b*);
(der Weinhefe Fig. 2).

trennen. Gelegentlich löst sich die Wand zwischen zwei aneinander-
liegenden Sporen auf, die zwei Sporen verschmelzen zu einer einzigen,
welche so viel widerstandsfähiger wird. Beispiel: S. ellipsoïdeus
(Fig. 2 und 3).

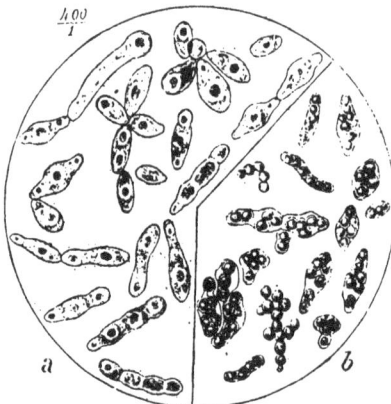

Fig. 4. — Weinhefe 74 (*a*) und Sporen (*b*).

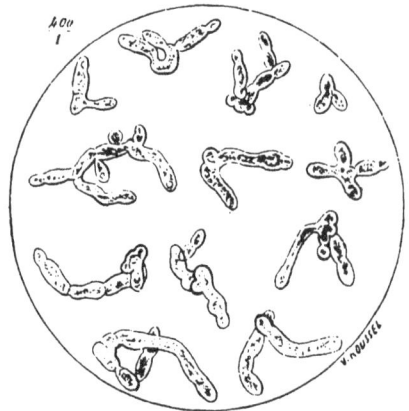

Fig. 5. — Keimende Sporen der Hefe 74.

Zweite Gruppe. — Bei dieser Gruppe verschmelzen gleich nach
der Keimung die jungen Mycelbildungen miteinander, worauf ein
Promycel entsteht, aus welchem sich die Hefezellen entwickeln, die
erst nur durch eine Querwand abgeteilt werden und sich erst später
abrunden. Beispiel: S. Ludwigii[1]) und die Weinhefe 74 (Fig. 4 und 5).

---

[1]) Die Hefe 74, welche aus einer portugiesischen Weinhefe stammt, in welcher

Dritte Gruppe. — Die Sporen treten unter ganz besonderer Gestalt auf; sie sind ungefähr halbkugelig, mit einem vorspringenden Wulst an der Basis, wodurch sie einem Hute nicht unähnlich sehen. Der Wulst kann bei der Keimung bleiben oder verschwinden. Beispiel: S. anomalus (Fig. 6).

Alles in allem hängt also die Sporenbildung von verschiedenen Bedingungen ab, so dafs man sich zur Bestimmung der Heferassen nicht ausschliefslich auf die darauf beruhenden Merkmale stützen darf.

Kultur auf gelatinehaltigen Nährböden. — Bei Kulturen auf festem Nährboden kann man oft mit blofsem Auge Unterschiede wahrnehmen: so bemerkt man gelegentlich ein wirkliches Mycelium (amoeboïde Form) wie bei S. Marxianus oder ein scheinbares Mycel wie bei Laktosehefen oder den Hefen der Rumgärung.

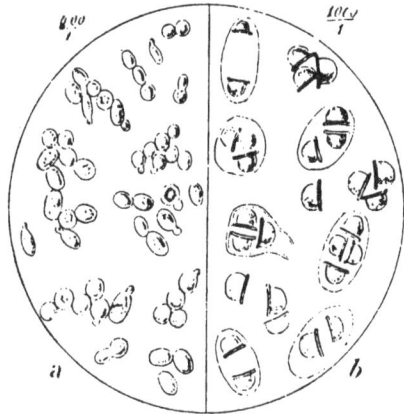

Fig. 6. — S. anomalus (*a*), mit Sporen (*b*).

Man kann nun darauf achten, ob die Kolonien für Licht durchläfsig sind oder nicht, ob die Hefe Auszweigungen in die Luft entsendet, ob die Kolonie sich weit ausbreitet, ob sie die Gelatine furcht, ob sie Hügelchen bildet, ob sie die Gelatine verflüfsigt und zu welcher Zeit (eine Eigenschaft, welche mit der Hautbildung in Beziehung zu setzen ist); weiterhin, ob sie reichlich Kohlensäure entwickelt und so viele oder wenig Spalten bildet, ob sie mehr oder weniger lange lebensfähig bleibt, ob sie leicht Riesenzellen gibt u. s. f.

Ein weiteres Moment ist aus Holms Arbeiten bekannt geworden: er wies nach, dafs bei Einsaat in Würzegelatine von Hefezellen aus dem Anfang einer Gärung ungefähr 40% sich nicht entwickeln. Nimmt man dagegen Zellen vom Ende der Gärung, wenn sie schon etwas abgeschwächt sind, so werden blofs 25% sich nicht entwickeln. Man mufs daher zur Aussaat auf Gelatine Material gegen das Ende der Gärung entnehmen.

Physiologische Unterscheidungsmerkmale. — Gestalt und Gröfse der Zelle, das Aussehen der Kolonie, sowie des Bodensatzes genügen nicht zur scharfen Bestimmung der verschiedenen Arten; man mufs auf jeden Fall die Verschiedenheiten physiologischer Natur zuziehen.

---

sie überwog, ähnelt in vieler Beziehung dem S. Ludwigii; nach eingehenderen Untersuchungen scheint sie jedoch nicht derselbe Saccharomyces zu sein.

Eines der wichtigsten Merkmale liegt in der Art und Weise, in welcher der Zucker verbraucht wird: durch Gärung oder einfach durch Assimilation. Bis jetzt kennen wir Hefen, welche Saccharose, Glykose, Lävulose, Maltose, Laktose und selbst solche, welche Dextrin vergären. Viele Zuckerarten, die uns heute noch als nicht vergärbar gelten, könnten es wohl in Zukunft werden; aus Fischers letzten Arbeiten wissen wir in der That, dafs die Zuckerarten, bei welchen die Zahl der Kohlenstoffatome durch drei teilbar ist, vergärbar sein müssen.

Ein anderes Unterscheidungsmerkmal bietet uns die Fähigkeit gewisser Hefen, bestimmte Zuckerarten leichter anzugreifen als andere, wie dies für Lävulose und Glykose von Gayon und Dubourg nachgewiesen wurde.

Diese Vorliebe mancher Hefen für gewisse Zuckerarten ist von Martinand mit Vorteil verwandt worden; er konnte damit, unter Hinzuziehung der bei der Sporenbildung auftretenden Verschiedenheiten, Maltose- und Glykosehefen bestimmen. Werden die genannten Heferassen in Maltoselösung (ungehopfte Gerstenwürze) eingeführt, so haben nach sechs Tagen die Bierhefen 0,6 bis 0,93%, die Weinhefen 1,86 bis 2,54% der ursprünglichen Maltose unverbraucht gelassen. In Lösungen von invertiertem Rohrzucker dagegen lassen die Bierhefen ungefähr 0,176% und die Weinhefe nur 0,033% vom anfänglich vorhandenen Zucker übrig. Man wählt zu diesen Versuchen am besten Lösungen von mittlerem Zuckergehalt und nicht zu hohe Temperaturen.

Weitere Unterschiede ergeben sich aus der Säure oder der Alkalinität der Nährsubstrates. Die Hefen entwickeln sich je nach der Beschaffenheit des Nährbodens mehr oder weniger schnell, und Duclaux hat darauf ein sehr bequemes Verfahren zur Bestimmung gegründet. Man sät die Hefen in Nährböden, welche mit 1%, 2%, 3% Weinsäure versetzt sind, ein, und beobachtet, wie lange Zeit bis zum Auftreten deutlicher Hefentrübung verfliefst.

Zur Bestimmung der Bierhefen dienen auch die Verschiedenheiten im Attenuationsgrad, im Geschmack und Aroma, weiter der Zeit, welche sie brauchen, um eine bestimmte Zuckermenge zum Verschwinden zu bringen; ferner dienen dazu ihre Widerstandsfähigkeit gegen fremde Gärungserreger, sowie der Grad von Haltbarkeit, welchen sie der von ihnen vergorenen Flüssigkeit verleihen.

Ganz dasselbe gilt auch für die Wein- und Apfelweinhefen.

Auch die gewöhnlichen Lebensbedingungen spielen hier in hohem Mafse mit, vor allem die Temperatur, sowie die chemische Natur und Menge der Säure. Weitere Unterschiede ergeben sich aus den Mengenverhältnissen der verschiedenen Produkte, welche die Hefearten unter

genau gleichen Bedingungen liefern, wie wir aus den folgenden Beispielen ersehen (die Mengen sind auf den Liter bezogen).

Unverbraucht bleibender Zucker. — *a) Einfluſs der Hefenart und
der Temperatur.*

Bezeichnung der Hefen	25°	35°
	g	g
Hefe 2	2,70	115,00
Hefe 32	2,89	36,66

b) Einfluſs des Säuregehaltes (Weinsäure und Äpfelsäure in gleichen
Verhältnissen bei 35°).

Bezeichnung der Hefen	2 °/₀₀	4 °/₀₀
Hefe 3	137,51 g	148,00 g
Hefe 15	85,27 g	85,27 g

c) Einfluſs der chemischen Natur der Säure (Temperatur 35°).

Bezeichnung der Hefen	Weinsäure		Äpfelsäure	
	7,50 g	1,87 g	6,70 g	1,67 g
Hefe 7	86,8 g	51,1 g	46,0 g	40,9 g
Hefe 71	68,6 »	28,3 »	20,0 »	10,0 »

Erzeugung von Glycerin. *a) Einfluſs der Hefenart.*

Bezeichnung der Hefen	Glycerin	Dauer der Gärung
Johannisberg I . . .	7,136 g	17 Tage
Krim	5,248 »	30 »

b) Einfluſs der Hefenart und des Säuregehaltes.

Bezeichnung der Hefen	Neutrale Würze	Saure Würze
Hefe 2	1,442 »	1,733 g
Hefe 32	3,080 »	3,170 »

Schwankungen der scheinbaren Attenuation. *Einfluſs der Kombination zweier Hefen.*

S. octosporus	83,2	Pombe + Logos . . .	97,3
S. Pombe	84,0	Octosporus + Pombe .	88,05
S. Logos	93,8	Octosporus + Logos .	96,70

Reduktionsvermögen der Hefen. — Die in der Gärungsflüssigkeit sich abspielenden Reduktionserscheinungen sind Gegenstand zahlreicher Untersuchungen gewesen, so z. B. die Bildung von Aldehyd (Durin und Röser), von schwefliger Säure (Haas), von Schwefelwasserstoff (Nessler, Sonnino, Rey-Pailhade), die Reduktion der Nitrate (E. Laurent) und des Kupfersulfats (Rommier, Quantin, Chuard); und es liegt nahe, aus all diesen Vorgängen Unterscheidungsmerkmale für die verschiedenen Hefen zu ziehen.

Nastucoff hat in letzter Zeit diese Reduktionsthätigkeit der Hefen bearbeitet. Er verwandte Magnesiumsulfat und als Indikator basisch salpetersaures Wismut, und gelangte zu sehr scharfen Unterscheidungen nach der Färbung des gebildeten Wismutsulfid. Im folgenden geben wir einige der erlangten Resultate, wobei die Champagnerhefe als Einheit angenommen ist, welche mit dem Wismutsalz die gröſste Schwärzung ergab:

Champagnerhefe 1,00
S. pastorianus 0,50
S. apiculatus 0,35

Beim Vergleich zwischen dem Reduktionsvermögen und Gärvermögen fand Nastucoff, daſs zwischen diesen beiden Faktoren keinerlei Zusammenhang besteht.

Bezeichnung der Hefen	Reduktions- vermögen	Alkohol $^0/_0$
S. pastorianus	0,86	2,12
Weinhefe	0,65	7,32
S. apiculatus	0,39	3,90

Variation der Arten. — Sind alle diese Eigenschaften erblich? Sind einige davon vorübergehender Natur, andere dauernd? Gibt es endlich andere, wirklich spezifische?

Hefen, welche unter gleichen Bedingungen gezüchtet und in derselben Weise aufgefrischt werden, haben bestimmte Eigenschaften, welche sie auf ihre Nachkommen übertragen.

Bei der Untersuchung von Kolonien auf Gelatine findet man häufig ein Gemisch von länglichen und ovalen Zellen; die länglichen Zellen erzeugen im allgemeinen wieder längliche Zellen, und erst durch eine Reihe auf einander folgender Kulturen kann man eine grofse Gleichförmigkeit erzielen.

In gleicher Weise hat Hansen beobachtet, dafs Saccharomyces Ludwigii auf Gelatine Vegetationen mit und ohne die Fähigkeit, Sporen zu bilden, ergab. Durch Änderung der Kulturmethode konnte er die Sporenbildung ganz unterdrücken.

Hansen hat ebenso gefunden, dafs Saccharomyces pastorianus die Fähigkeit, Sporen zu bilden, verlieren konnte, und zwar durch ziemlich lange Kultur in gut gelüfteter Würze in der Nähe der oberen Grenztemperatur für die Sporenbildung. Ähnliches ist auch in des Verfassers Laboratorium für Gärungsphysiologie beobachtet worden. Sporen von Hefe aus Pale-Ale, welche seit 1889 in der ursprünglichen Flüssigkeit geblieben waren, wurden von Boullanger aufgefrischt. Es zeigte sich, dafs die neuen Hefen ihre Sporen unter konstanten Bedingungen bildeten, während die seit jener Zeit in einer Reihe von Kulturen aufgefrischte Hefe aus Pale-Ale die Fähigkeit zur Sporenbildung verloren hatte.

Verschiedene Altersstufen können ebenfalls für ein und dieselbe Art Verzögerung in der Sporenbildung, Verlust der Fähigkeit, Häute zu bilden, oder endlich Herabsetzung der Attenuation herbeiführen.

Ich habe auch beobachtet, dafs der Durchgang durch eine Sporengeneration das Gärvermögen steigern kann. So brachte die Weinhefe 9 in einem Traubenmost mit 33,1% Glykose 24,4%, die aus ihren Sporen aufgefrischte Hefe 26% Zucker zum Verschwinden.

Diese Art der Verjüngung scheint auch die Widerstandsfähigkeit gegen (trockene und feuchte) Hitze zu erhöhen, wobei Unterschiede von 5 bis 10° auftreten. Auf der anderen Seite wird die Widerstandsfähigkeit der von Zeit zu Zeit aufgefrischten und im Laboratorium in Zuckerlösung aufbewahrten Hefen gegen Hitze um einige Grade geringer (Boullanger). Diese Herabsetzung der Widerstandsfähigkeit gegen Hitze tritt viel weniger rasch ein, wenn die Hefe im Sporenzustand aufbewahrt wird.

Bekanntlich ertragen gewisse Hefen die hohe Temperatur von 35° besser als andere; ich habe versucht, das Gärvermögen verschiedener Hefen durch fortgesetzte Kulturen und Umimpfen nach je 24 Stunden bei der genannten Temperatur zu erhöhen; doch habe ich weder im Gärvermögen noch in der Gärkraft die geringste Steigerung erzielen können.

Einteilung. — Hansen teilt die Hefen in zwei Gruppen, die eigentlichen Saccharomyceten mit der Fähigkeit, Endosporen zu bilden, und die Nicht-Saccharomyceten, welche niemals Sporen bilden.

A. *Eigentliche Saccharomyceten,* eingeteilt in zwei Klassen:

1. Solche, welche Sukrase ausscheiden und alkoholische Gärung hervorrufen. Sie umfassen:

    a) Solche, welche kräftig Saccharose, Dextrose, Maltose vergären; z. B. die Brauereihefen.

    b) Solche, welche wohl Saccharose, Dextrose, Lävulose, aber nicht Maltose vergären; z. B. Saccharomyces Ludwigii, S. exiguus.

Hier muſs eine Unterabteilung eingeschaltet werden; sie wird gebildet von Hefen, welche Invertzucker, Glykose, Lävulose, nicht aber Saccharose vergären; z. B. Saccharomyces mali Duclauxi.

2. Solche, welche keine Sukrase abscheiden und keine alkoholische Gärung erregen; z. B. Saccharomyces membranaefaciens.

B. *Nicht-Saccharomyceten* mit drei Klassen:

1. Solche, welche Dextrose- und Invertzuckerlösungen vergären; z. B. Saccharomyces Rouxii, S. apiculatus.

2. Solche, welche keine Sukrase abscheiden, aber Saccharose, Maltose und Dextrose vergären; z. B. Monilia candida.

3. Solche, welche Saccharose, Glykose, Galaktose und Laktose vergären; z. B. die Laktosehefen.

Brauereihefen. — Diese Hefen sind im allgemeinen groſs und rund; man unterscheidet Oberhefen und Unterhefen, welche leicht an ihrer Art zu sprossen erkennbar sind. Weitere Unterschiede treten hervor in der Fähigkeit, Sporen zu bilden (welche bei den Oberhefen sehr ausgeprägt ist), sowie Melitriose und Melibiose zu vergären (eine Eigenschaft der Unterhefen), oder sie bieten sich im Aussehen der in den Gärbottichen gebildeten Decke, in den Kräusen, der schnellen Klärung des Bieres, der Attenuation, dem Bodensatz, im Geschmack des Bieres, seiner Haltbarkeit u. s. f.

Die Hefen der Nachgärung haben im allgemeinen eine dünne Zellmembran; die Zellen sind oval, länglich oder wurstförmig. Es gibt sowohl solche mit kräftiger als mit schwacher Attenuation.

Kukla suchte die Brauereihefen nach dem Aussehen der Zelle einzuteilen, nach mehr oder weniger feiner Körnelung, Vorhandensein oder Abwesenheit von Vakuolen u. s. w. Nach ihm ist das Protoplasma der kräftigsten Hefen grobgekörnelt und ohne Vakuolen.

Ein anderes sicheres Moment zur Einteilung aber liegt in der Attenuation, d. h. der Abnahme der Dichte der Würze infolge der Gärung. In dieser Richtung hat die genaue Bearbeitung einiger Hefen in Berlin und Belgien es ermöglicht, eine neue Einteilung aufzustellen.

Man hat als Grenzattenuation die gröfste Attenuation bezeichnet, welche eine Hefe in einer diastasefreien Bierwürze erreichen kann, und hat darnach die Brauereihefen eingeteilt in solche vom Typus Frohberg mit starker Attenuation und solche vom Typus Saaz mit schwacher Attenuation. Ganz kürzlich hat Van Laer einen Typus Logos bearbeitet, so dafs wir nun die Typen Saaz-Frohberg, Frohberg-Logos mit allen Zwischenstufen haben.

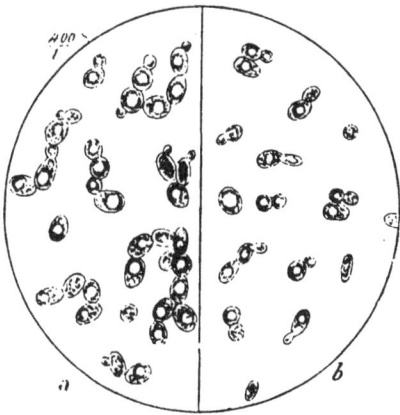

Fig. 7. — Saint-Émilion (*a*); Clos Vougeot (*b*). Fig. 8. - Champagnerhefen.

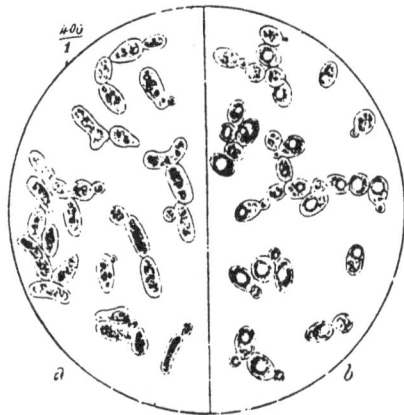

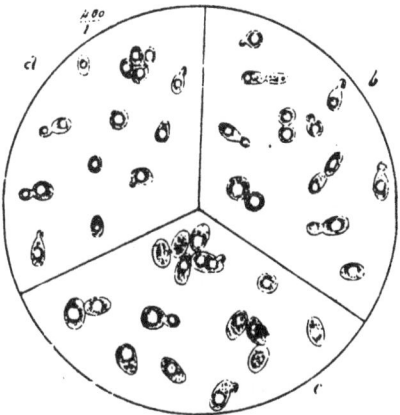

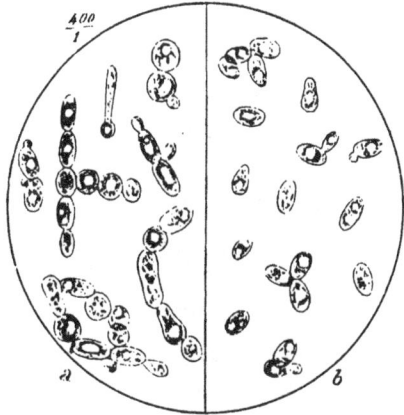

Fig. 9. — Champagnerhefen. Fig. 10. — Champagnerhefen.

Weinhefen. — Hier finden wir die verschiedenartigsten Formen, runde, elliptische, zitronen- und flaschenähnliche u. s. w. Diese Hefen unterscheiden sich von einander durch ihre Widerstandsfähigkeit gegen

Wärme und Säure, durch die verschiedenen Mengen von Zucker, die sie zum Verschwinden bringen können, sowie den Zeitpunkt des Eintretens, die Gleichmäfsigkeit, die Dauer der Gärung; ferner durch die von ihnen hervorgebrachten Alkoholmengen, durch die Mengen von flüchtigen Säuren, das Bouquet, welches sie der Flüssigkeit mitteilen, die mehr oder minder rasche Klärung der vergorenen Flüssigkeit. In derselben Gegend findet man vielfach stark von einander abweichende Hefen. (Fig. 7, 8, 9 und 10.)

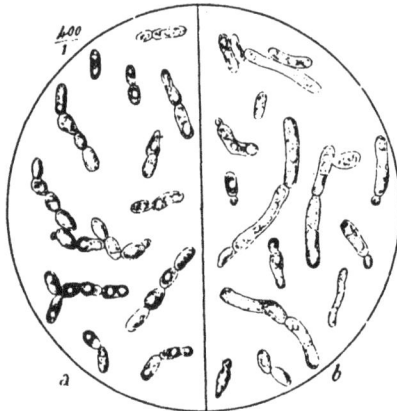

Fig. 11. — Apfelweinhefen.

Cider- (Apfelwein-) hefen. — Für diese gelten dieselben Bemerkungen wie für die Weinhefen; vielleicht tritt das von gewissen Ciderhefen gebildete Bouquet im Apfelmost kräftiger hervor als das von Weinhefen im Traubenmost entwickelte. (Fig. 11.)

Brennereihefen. — Die Brennereihefen sind gewöhnlich Oberhefen. Es gibt Korn-, Rüben-, Melassebrennereihefen u. s. w., welche sich durch ihre Widerstandsfähigkeit gegen Säure und fremde Gärungserreger, durch ihr Gärungsvermögen, die Alkoholmenge, die sie bilden können u. s. w. von einander unterscheiden.

Laktosehefen. — Unter diesem Namen fafst man Hefen zusammen, welche bei Einsaat in Milch eine alkoholische Gärung unter Kohlesäureentwicklung erregen. Das Kasein gerinnt langsam zu feinen getrennt bleibenden Krümeln, welche sich durch Erhitzen bei Gegenwart von Säure zu einer einheitlichen Masse vereinen.

Wilde Hefen. — Solche Hefen können der vergorenen Flüssigkeit einen schlechten Geschmack verleihen, z. B. können sie das Bier (Hansen), den Cider (Kayser), den Wein (Pichi) bitter machen. Auch können sie starke Säure und Trübung der Flüssigkeit hervorrufen und die Klärung verhindern.

Diese Hefen bestehen im allgemeinen aus länglichen Zellen, die sich schwer absetzen. Die Sporenbildung tritt bei ihnen früher ein als bei Kulturhefen (es ist ratsam, zwei Temperaturen, 15° und 25°, zu versuchen). Die Sporen sind klein und stark lichtbrechend.

Solche Hefen sind schädlich, besonders wenn sie sich gleich zu Beginn der Gärung in der Flüssigkeit finden.

Hansen und Will haben ein gutes Verfahren angegeben, um sie zur Unterscheidung zu bringen: 10%ige Saccharoselösung mit 4% Weinsäure scheint ihre Entwicklung zu begünstigen. Dasselbe ist der Fall mit niederen Temperaturen, was für untergärige Brauereien von Wichtigkeit ist.

Nach Wills Erfahrungen sind wilde Hefen empfindlicher gegen Antiseptica (schweflige Säure, Calciumbisulfit), als unsere Kulturhefen.

Rosa Hefen. — Solche Hefen finden sich ziemlich häufig in der Luft, im Wasser, in Kellern, in den Keimräumen von Brauereien u. s. f.; sie gedeihen gut in Stärkekleister, in Bierwürze, Milch etc., aber sie können weder Maltose, noch Saccharose, Dextrose etc. vergären. Immerhin berichtet Kramer von einer rosa Torula aus Apfelwein, welche die letztgenannten Zuckerarten vergärt.

Gegen Antiseptica, Formol etc. sind sie ziemlich widerstandsfähig. Einige verflüssigen Gelatine, andere bilden Endosporen u. s. f. Ihre Farbe ist ein mehr oder minder blasses Rot, welches, wenigstens bei einigen von mir genauer beobachteten Arten, erst nach einer bestimmten Zeit in Berührung mit Luft deutlich hervortritt, was vielleicht auf einen Oxydationsvorgang hinweisen dürfte.

Torula. — Unter diesem Namen versteht man hefenartige Formen, welche sich häufig in den Keimräumen von Brennereien und Brauereien, in schlecht gereinigten Rohrleitungen, auf feuchten Wänden u. s. w. finden.

Sie sind kugelförmig oder etwas länglich und vermehren sich gewöhnlich durch Sprossung; es entsteht dann entweder eine rosenkranzförmige Kolonie, oder aber die jungen Sprossen entstehen rings um die Mutterzelle und bilden so eine Krone, deren äufserste Zellen immer die kleinsten sind. Vermehrung durch die Mycelform kann ausnahmsweise stattfinden. Ihre sehr wechselnden Dimensionen können zwischen $1\frac{1}{2}$ und $4\frac{1}{2}$ μ schwanken. Solche Torulaformen besitzen Vakuolen, und, wenn sie sehr klein sind, findet man in ihnen viele kleine Öltröpfchen von grünlicher Farbe oder auch sehr stark lichtbrechende Körnchen. Neben diesen kleinen Zellen finden sich wenig turgescente Riesenzellen.

Kolonien auf gelatinehaltigen Nährböden sind schneeweifs oder von schleimig-fettigem Aussehen.

In Flüssigkeiten leben sie teils in der Tiefe, teils bringen sie auf der Oberfläche mycodermaartige mattgraue Decken hervor; gelegentlich wird statt der Decke ein Ring gebildet.

Im allgemeinen scheiden die Torulaarten keine Sukrase aus und greifen Saccharose nicht an; immerhin sind solche gefunden worden,

welche die letztere vergären und 6—7 % Alkohol erzeugen. Sie greifen
Dextrose und sehr leicht Maltose in Bierwürze an.

Zu dieser Gruppe gehören: Saccharomyces Kephyr Beyerinck
mit länglichen Zellen, Saccharomyces tyrocola mit kleinen rundlichen
Zellen, die Laktosehefen, Kramers rote Torula, sowie Torula nova
Carlsbergensis, welch letztere Maltose, Saccharose und Dextrose
vergären.

Mycoderma. — Allgemein bekannt sind die Kahmhäute auf Wein
und Bier. Untersucht man diese gefalteten Häute mikroskopisch, so
findet man ganz ähnliche Gröfsenverhältnisse wie bei den ächten Hefen.
Die Zellen sind indessen heller und weniger lichtbrechend als bei den
Saccharomycesarten. Das Protoplasma ist im allgemeinen homogen.
In jeder Zelle treten ein, zwei bis drei stark lichtbrechende Körnchen
oder auch längliche Vakuolen auf, in denen ganz regelmäfsig in allen
Zellen ein oder zwei Fettkügelchen sich befinden.

Die Mycodermen besitzen dieselben Formen und sprossen in derselben Weise wie die Saccharomyceten; dabei treten gewöhnlich lange
Verzweigungen auf. Sie sind sehr sauerstoffbedürftig und bilden auf
der Oberfläche der Flüssigkeit ein mehr oder weniger dickes und ge-
faltetes Häutchen, das sich fettig anfühlt und schwer benetzbar ist.
Auf Gelatine bilden sie weifse oder graue Kolonien. Am besten entwickeln sie sich zwischen 5 und 15 °.

Sie scheiden keine Diastase aus und vergären weder Saccharose
noch Maltose und Glykose. Lasché scheint indessen eine Art von
Mycoderma cerevisiae gefunden zu haben, welche bis 2,5 % Alkohol gibt.

Die Mycodermen verursachen häufig Trübungen, besonders im
Lagerbier, dem sie oft einen sehr unangenehmen Geschmack verleihen.

Verschiedene Hefen.

Saccharomyces cerevisiae. — Man bezeichnet damit die Bierhefen;
sie sind ober- oder untergärig, rund oder oval, von 8 bis 9 und 12 μ
grofs. Sie erzeugen leicht Sporen von 5 bis 6 μ; sie vergären Saccharose,
Maltose und Glykose.

Saccharomyces marxianus (Hansen). — In Bierwürze tritt diese Hefe
in Form kleiner ovaler, eiförmiger Zellen auf. Mit dem Altern der
Zellen treten kleine mycelähnliche, an Schimmel erinnernde Körperchen
auf, welche erst in der Flüssigkeit schwimmen und später zu Boden
sinken. Kolonien auf Gelatine bestehen aus länglichen wurstförmigen
Zellen. Die Askosporen sind nierenförmig, kugelig oder oval.

Diese Hefe vergärt Saccharose, Dextrose, aber nicht Maltose.

Saccharomyces pastorianus (Fig. 12). — Hefen mit ovalen, birnförmigen, länglichen Zellen von 12, 18 und 24 μ Länge, welche manchmal
in verzweigten Ketten mit länglichen keulenförmigen Gliedern auftreten.
Bei schneller Entwicklung sind die Sprossen rundlich.

Es gibt verschiedene Pastorianusarten, welche alle mit Leichtigkeit Sporen sowie Häute bilden. Sie verursachen Trübungen und
schlechten Geschmack. Sie vergären Saccharose und Maltose.

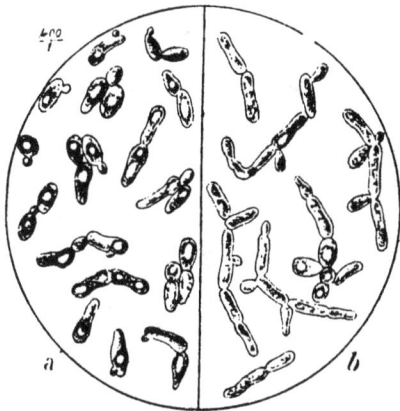

Fig. 12. — Junge Kultur (a); dieselbe älter (b).   Fig. 13. — Ciderhefen.

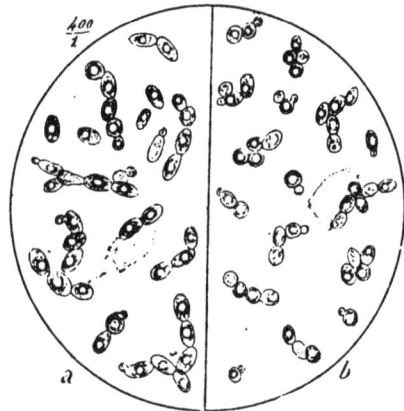

Saccharomyces mali Duclauxi (Fig. 13a). — Zellen von 6 bis 12 μ
Länge und 4 bis 7 μ Breite, welche einen leicht beweglichen Bodensatz
bilden. Sie erzeugen eine Haut, sind ziemlich empfindlich gegen Säure
und sterben gegen 55 ^{0} ab. Die Sporen treten bei 15 ^{0} nach 30 Stunden
auf. Diese Hefe vergärt weder Saccharose noch Maltose, dagegen
Invertzucker und teilt der vergorenen Flüssigkeit ein bestimmtes
Bouquet mit.

Saccharomyces mali Risleri (Fig. 13b). — Kugelige Zellen von
4 bis 6 μ sterben bei 60 ^{0} ab. Der Bodensatz hängt an den Wänden
fest. Die Sporen werden bei 15 ^{0} nach 90 Stunden gebildet. Diese
Hefe vergärt Saccharose, Glykose, Maltose.

Saccharomyces vini Muntzii (Fig. 14a).[1] — Zellen zu Rosenkranzform verbunden, 3 μ breit auf 6 bis 7 μ Länge, sterben gegen 55 ^{0}
ab; das Plasma ist vakuolenreich. Die Sporen werden bei 25 ^{0} nach
42 Stunden gebildet. Diese Hefe gibt gute Gärung bei hohen Temperaturen, vergärt Saccharose, Glykose, Lävulose und Maltose.

---

[1] In den Feldern *b* und *c* sind Weinhefen von Langlade und solche aus
Lothringen dargestellt.

Saccharomyces apiculatus Reefs. (Fig. 15.)[1]) — Diese eigenartig geformte Hefe findet sich besonders in dem ersten Gärungsstadium des Weinmostes sowie auf süfsen, reifen Früchten, wie Kirschen, Erdbeeren und Himbeeren. Die Zellen sind citronenförmig, oval, oder an den beiden Polen mit einem kleinen Höcker versehen; die Sprossen können rings um die Mutterzelle entstehen. Man findet auch bizarre halbmondförmige oder auch bakterienähnliche Zellen. Sie sind im ganzen klein.

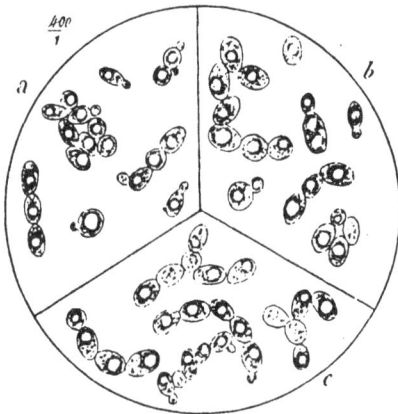

Fig. 14. — Weinhefen.

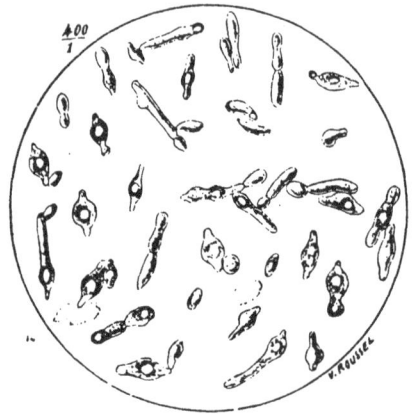

Fig. 15. — Apiculatushefe aus Apfelwein.

Die ovalen Zellen erhalten die Citronenform erst nach mehreren Sprofsgenerationen, und die letztere kann bei der folgenden Sprossung wieder verloren gehen. Besonders häufig treten die citronenförmigen Zellen in den ersten Kulturphasen auf.

Hansen fand, dafs diese Hefe ohne zu leiden in der Erde überwintern kann. Sie vergärt Glykose und erzeugt dabei 4 bis 5 % Alkohol; Saccharose und Maltose kann sie dagegen nicht vergären. Im allgemeinen gibt sie mit derselben Menge zerstörten Zuckers weniger Alkohol als die Ellipsoïdeushefen; nur wenn die Zuckermenge gering ist, besteht eine Ähnlichkeit zwischen den Ellipsoïdeus- und den Apiculatushefen. Lüftung und Temperatur spielen hier mit.

Saccharomyces exiguus. — Hefen mit kleinen Zellen, deren Gestalt hufeisen-, kegel- oder kreiselförmig ist. 5 μ Länge auf 2,5 μ Breite am dicken Ende. Sie bilden auf Flüssigkeiten Häute und eine Art Krone. Die Zellen der Haut und des Bodensatzes gleichen sich; zwei bis drei Sporen in einer Zelle in Längsrichtung an einander

---

[1]) Diese Bezeichnung pafst nach Hansen schlecht; es gibt verschiedene Varietäten von Apiculatushefen, und es ist wahrscheinlich, dafs die aus Apfelmost stammenden sich nicht immer so verhalten wie die im Traubenmost vorkommenden.

gereiht. Reefs betrachtete sie als den Erreger einer sekundären Gärung im Bier, doch ruft sie keinerlei Krankheit hervor. Sie erzeugt in Bierwürze wenig Alkohol, vergärt dagegen lebhaft Saccharose- und Dextroselösungen.

Saccharomyces anomalus. — Von Hansen, Reefs und Lindner sind verschiedene Arten beschrieben worden. Es sind Hefen mit gewöhnlich kleinen, ovalen, gelegentlich zu Wurstform verlängerten Zellen, deren Größenverhältnisse ziemlich schwankend sind. Sie erzeugen sehr schnell eine mattgraue Haut, in welcher man Sporen von besonderer Gestalt findet. Die Letzteren sind halbkugelig mit einem an der Basis vorspringenden Wulst. Diese Hefe erzeugt oft einen angenehmen Fruchtäthergeruch.

Sie kommt in Brauereien und auf faulen Weinbeeren vor.

Saccharomyces conglomeratus. — Hefen mit kugeligen Zellen von 5 bis 6 μ Durchmesser, welche sich ungleichmäßig entwickeln und zu Knäueln verbunden bleiben; die Asci sind zu je zweien vereint. Die Hefe findet sich im Weintrub und auf faulenden Trauben.

Saccharomyces Rouxii. — Hefe mit kleinen runden, häufig verbundenen Zellen von 4 bis 5 μ Durchmesser, welche nicht Saccharose, aber sehr lebhaft Invertzucker und Maltose vergärt.

Saccharomyces Ludwigii. — Dieser Saccharomyces, welcher aus dem Schleimfluß einer lebenden Eiche stammt, tritt in sehr verschiedenen Größenverhältnissen auf; neben elliptischen Zellen finden wir flaschen-, schlauch- und citronenförmige. Scheidewände sind nicht selten. Auf Gelatine bildet die Hefe hellgraue Flecken.

Mit großer Leichtigkeit werden die Sporen gebildet; bei der Keimung derselben entsteht ein Schlauch, von welchem nach und nach neue Hefezellen durch deutliche Querwandbildung ihren Ausgang nehmen.

Die Hefe stirbt nach kaum zwei Jahren in Saccharoselösung ab. Sie vergärt Saccharose und Glykose, nicht aber Galaktose, Maltose und Raffinose.

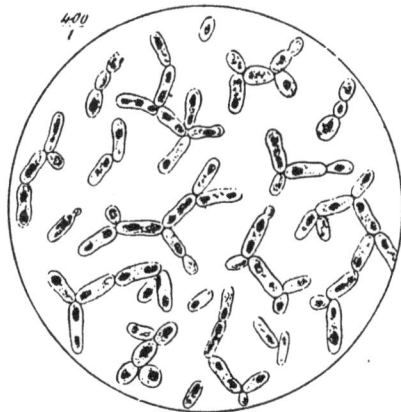

Fig. 16. — Saccharomyces membranaefaciens.

Saccharomyces membranaefaciens (Hansen). (Fig. 16.) — Längliche und ovale Zellen, Inhalt anscheinend wenig differenziert mit zahlreichen Vakuolen. In Bierwürze geben sie einen gräulichen, sehr stark

4*

gefalteten Überzug. Auf Gelatine bilden sie mattgraue, oft ein wenig
ins Rot spielende Kolonien, welche, ursprünglich rund, sich mit
gefalteter Oberfläche weiter ausbreiten. Die Gelatine wird verflüssigt.
Die Hefe besitzt grofse Ähnlichkeit mit den Mycodermen.

Die unregelmäfsig geformten Sporen sind ziemlich zahlreich. Die
Hefe kann weder Maltose noch Saccharose und Glykose vergären.
Gefunden hat man sie im Schleimflufs der Ulmenwurzeln (Hansen)
und auf Cassisliqueur (Boutroux).

Laktosehefen (Fig. 17). — Man kennt etwa fünf bis sechs, welche
im stande sind, Milchzucker zu vergären:

Hefe Adametz. — Ovale, elliptische Zellen von 7 bis 10 μ Länge
auf 5 μ Breite; oft findet man zwei Sprosse an beiden Enden ein und

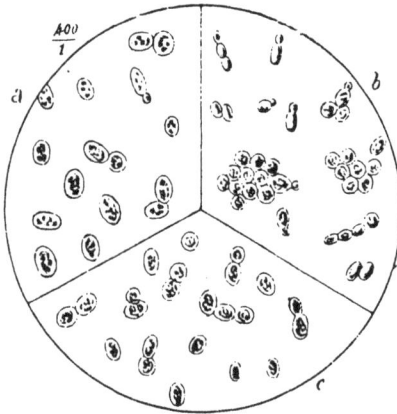

Fig. 17. — Hefe Adametz (a); Hefe Kayser (c);
Hefe Duclaux (b).

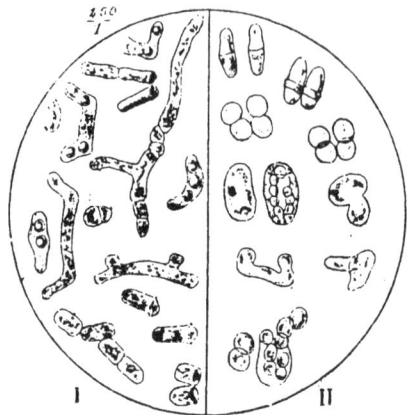

Fig. 18. — Schizosaccharomyceten.

derselben Zelle. Sie stirbt in feuchtem Zustande gegen 55⁰ ab, während
sie in trockenem Zustande Temperaturen von über 100⁰ widersteht.
Keine Sporen.

Hefe Duclaux. — Runde, oft verzweigte Zellen, welche in feuchtem
Zustande gegen 50⁰, in trockenem gegen 65⁰ absterben. Keine Sporen.

Hefe Kayser. — Zellen von 6 bis 8 μ Länge auf 3 bis 5 μ Breite;
sie sterben in feuchtem Zustande gegen 55⁰ ab, widerstehen in trockenem
Zustande bis gegen 95⁰. Keine Sporen.

Im folgenden wenden wir uns zur Betrachtung der durch Spaltung
sich fortpflanzenden Saccharomyceten.

Schizosaccharomyces Pombe (Fig. 18 I). — Cylindrische, an den
Enden abgerundete Zellen von verhältnismäfsig bedeutender, aber
ziemlich wechselnder Gröfse. Bei Nahrungsmangel werden die Zellen
kleiner und kleiner bis zur Gröfse von Bierhefezellen, in anderen Fällen
dagegen liegt eine Verwechslung mit Oïdium lactis nahe.

Zu gewissen Zeiten läfst sich im Innern der Zellen eine sehr deutliche, von aufsen nach innen fortschreitende Querwandbildung beobachten; die jungen Zellen sind anfangs dünner, später jedoch sehen sie den älteren ähnlich, und es bleibt endlich nur eine Art Krone an der Trennungsstelle übrig.

Unter Luftabschlufs kann man sehr lange Schläuche erhalten, in denen sich an allen möglichen Stellen Querwände bilden, ohne dafs sofortige Trennung einträte. Gelegentlich trennen sich die beiden Teile unvollständig, und es entsteht so ein Gelenk. Die beiden Enden ein und derselben Zelle sind nicht gleich, das eine ist abgerundet, während das andere eine Art Krone bildet. Das Protoplasma ist ziemlich homogen mit einigen verstreuten Körnelungen.

Diese Hefe bildet leicht Sporen, manchmal sogar in der von ihr vergorenen Flüssigkeit.

Ihr Temperaturoptinum liegt bei 28 bis 30⁰; die von ihr hervorgerufene Gärung ist sehr intensiv. Sie vergärt Dextrin.

Diese Hefe ist aus afrikanischem Bier gezüchtet worden.

Schizosaccharomyces octosporus (Beyerinck). (Fig. 18 II.) — Hefe von wechselnder Gröfse, von 2 bis 20 μ; bei kräftiger Lüftung beobachtet man eine sehr bedeutende Zunahme in der Gröfse der Zellen sowie eine Neigung derselben, sich zu Klümpchen zu vereinigen und so eine leichte Klärung der vergorenen Flüssigkeit herbeizuführen.

Die Hefe besitzt zahlreiche Querwände sowie einen Zellkern, welcher seinerseits sich teilen kann, so dafs zwei oder vier Kerne entstehen. Es sind jeweils acht Sporen vorhanden.

Die Hefe scheint in Bezug auf Stickstoffnahrung ziemlich empfindlich zu sein. Sie vergärt leicht Glykose und Lävulose, weniger leicht Maltose und gar nicht Saccharose, Laktose, Raffinose, Arabinose und Inosit; den von ihr vergorenen Flüssigkeiten teilt sie einen schlechten Geschmack mit.

Fundort: Korinthen.

Monilia candida. — Unter diesem Namen fafst man eine Reihe verschiedener Schimmelpilze mit einfachem Mycel, aber von verschiedener Farbe zusammen.

Die von Hansen untersuchte Monilia candida erzeugt auf Most und auf Früchten eine weifse Mycelschicht. In Würze bildet sie in reichlichen Mengen Zellen von hefeähnlichem Aussehen sowie eine Haut, in welcher die Zellen länger und länger werden, um endlich in ein echtes Mycel überzugehen.

Die Gärung ist im allgemeinen langsam, wird jedoch gegen 40°
lebhafter; die Alkoholausbeute steigt dabei bis auf fünf Volum-
prozente. Der Pilz vergärt Maltose und Saccharose ohne vorauf-
gehende Inversion.

In konzentrierter Würze zerlegt sie in der gleichen Zeit 15 bis
30% weniger Zucker als Bierhefe; vertreibt man indessen durch Erhitzen die Gärungsprodukte der ersten Gärung, welche auf den Pilz
als Antiseptica wirken, so ist die Monilia im stande, weitere Mengen
von Maltose zu vergären.

ZWEITER TEIL.

Kapitel I.

Physiologie der Hefe. Theorie der alkoholischen Gärung.

Physiologische Eigenschaften der Hefe. Aërobes und anaërobes Leben. — Gewisse Pflanzenformen, welche gewöhnlich an der Luft wachsen, können sich auf kürzere oder längere Zeit an Sauerstoffmangel anpassen, so z. B. gewisse Mucorarten, welche unter diesen neuen Lebensbedingungen zu Gärungserregern werden.

Zwischen diese Mucedineen und die eigentlichen Hefen wird sich am besten eine kleine Hefe einschieben lassen, welche Duclaux näher beobachtet und mit dem Namen Mycohefe (Mycolevure) belegt hat (Fig. 19).

Diese Hefe entwickelt sich spontan auf der Oberfläche der Raulinschen Flüssigkeit, wenn dieselbe mit grofser Oberfläche der Luft ausgesetzt wird, und wenn die Weinsäure zur Hälfte abgenommen hat; sie tritt in Gestalt einer gleichmäfsigen, manchmal sehr dicken und gefalteten Haut auf. Die Zellen sind eiförmig, körnig, ziemlich klein und leben ganz wie Schimmelpilze. Ihrem Aussehen nach erinnern sie an Hefe, sowie durch die Art, in welcher sie sprossen und durch die verzweigten Häufchen, in welchen sie auftritt; man findet indessen ziemlich häufig Zellen zu je zweien.

Der Pilz vermittelt Verbrennung sehr lebhaft; so betrug in einem Versuch Duclaux' bei reichlicher Sauerstoffzufuhr das Gewicht der Hefe 35% vom Gewicht des in sechs Tagen verschwundenen Zuckers; 50% waren in Kohlensäure umgewandelt worden. Alkohol war nur in Spuren vorhanden.

Bringt man diese Hefe tief untergetaucht in einen ganz vollen Kolben, so erhält man deutliche alkoholische Gärung. Das Verhältnis

Verhältnis zwischen dem Gewicht der gebildeten Hefe und dem Gewicht des verschwundenen Zuckers kann bis auf ein Vierzigstel sinken; unter solchen Verhältnissen kann man bis zu 3% Alkohol erhalten, besonders wenn man die Hefe vorher durch ein Luftbad schickt.

Die eigentlichen Hefen leben in normalem Zustande untergetaucht wie das Mucedineenmycel; sie setzen sich am Boden des Gefäſses ab, so daſs nur die an der Oberfläche schwimmenden Zellen in Berührung mit der Luft kommen.

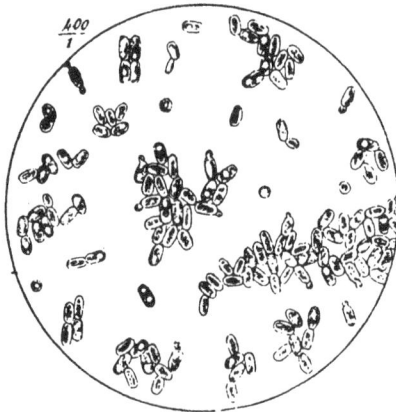

Fig. 19. — Mycohefe (Duclaux).

Aber die Hefe kann sich an beide Lebensarten anpassen. Lebt sie in Berührung mit der Luft, so nimmt das Gewicht der Hefe bedeutend zu, und das Verhältnis zwischen Hefe und umgebildetem Zucker ist sehr groſs. Ein Teil des Zuckers dient zum Aufbau des Zellkörpers selbst, der Rest wird vermittelst des aus der Luft und aus der zuckerhaltigen Flüssigkeit entnommenen Sauerstoffes verbrannt. Die Hefe lebt wie eine Mucedinee, sie lebt aërob.

Unter Luftabschluſs dagegen ist die Vermehrung viel geringer, und das Verhältnis zwischen dem Gewicht der gebildeten Zellen und dem des umgewandelten Zuckers ist sehr klein: die Hefe lebt anaërob.

Oft spielen sich beide Erscheinungen gleichzeitig ab.

So kann in einer weiten Schale mit einer Flüssigkeitsschicht von einigen Millimetern das Gewicht der Hefe manchmal 25% vom Gewicht des verschwundenen Zuckers betragen; fügen wir nun noch Flüssigkeit hinzu, so daſs die Schicht dicker wird, und lassen wir die Hefe sich am Boden absetzen, so erhalten wir zwei Lagen von Hefe, von denen die eine aërob, die andere anaërob lebt.

Dieser Fall liegt in den meisten Gärungen vor. In einem ganz vollen Kolben ist im Anfang reichlich Sauerstoff vorhanden und die Hefe vermehrt sich üppig. Später, nach dem Verschwinden des Sauerstoffs, tritt die Hefe in das anaërobe Stadium ein. Das Verhältnis zwischen dem Endgewicht der Hefe und dem Gewicht des verschwundenen Zuckers ist um so geringer, je mehr die anaërobe Lebensweise überwiegt.

Wenn man, wie es Pasteur gethan hat, in einem Kolben durch Auskochen der Flüssigkeit den Sauerstoff ziemlich vollständig vertreibt, so ist die Gärung auſserordentlich langsam und fast ohne Ende; die

Hefe vermehrt sich beinahe gar nicht, der gröſste Teil des Zuckers wird in Alkohol übergeführt, und die Verhältniszahlen zwischen Hefe und Zucker sind sehr klein, $\frac{1}{200}$, $\frac{1}{250}$ bis $\frac{1}{500}$.

Unter solchen Bedingungen nimmt die Lebensthätigkeit der Zelle bedeutend ab, das Fortpflanzungsvermögen geht beinahe vollkommen verloren, zumal wenn man die Luft so vollkommen vertreibt, wie es Cochin gethan hat. Er arbeitete in einem unter Luftabschluſs gehaltenen Nährboden, der mit einer Flasche mit Kalilauge in Verbindung stand, welch letztere die gebildete Kohlensäure aufnehmen sollte. Durch eine Reihe von Kulturen in Nährböden, welche in gleicher Weise ihres Sauerstoffes beraubt waren, konnte er feststellen, daſs unter Ausschluſs von Sauerstoff entwickelte Hefe nicht im stande war, Gärung zu erregen.

Ein Teil des Zuckers also dient zur Bildung von Alkohol und Kohlensäure, ein anderer Teil zur Entwicklung der Hefe. Bei aёrobem Leben finden wir den sechsten Teil des unreduzierbaren Zuckers in Form von Hefe wieder; bei anaёrober Lebensweise erhalten wir viel geringere Gewichtsmengen von Hefe ($\frac{1}{50}$, $\frac{1}{100}$ vom Gewicht des Zuckers).

Die Bildung von Alkohol, der ja an Sauerstoff ärmer ist als Zucker, und der Aufbau des Zellleibes der Hefe sind zwei Reduktionsvorgänge, welchen ein Oxydationsprozeſs gegenüber steht, die Bildung von Kohlensäure.

In beiden Fällen finden wir diesen Reduktionsvorgang: bei aёrobem Leben die Entwicklung von Hefe mit Spuren von Alkohol, bei anaёrober Lebensweise die Bildung von Hefe mit viel Alkohol. Nur sind Quelle und Natur des Sauerstoffes nicht die gleichen. Im ersteren Fall entstammt er der Luft, im zweiten der Luft und dem Zucker; im ersteren Fall ist er frei, im zweiten ist der gröſste Teil gebunden im Zucker.

Wie jede Pflanze, bedarf die Hefe zum Aufbau ihres Zellleibes und zu ihrem Unterhalte der Wärme, deren Menge dem Gewichte der Zellen und der Zeit proportional ist. Diese Wärme stammt aus der exothermen Verbindung einer gewissen Anzahl von Sauerstoffatomen mit einer bestimmten Menge von Kohlenstoff- und Wasserstoffatomen.

Ist kein freier Sauerstoff vorhanden, so kann ihn die Hefe dem Zucker entnehmen, und sie wird um so mehr Zucker zerstören, je weniger freien Sauerstoff sie zu ihrer Verfügung hat.

Die Hefe muſs also, da sie in 100 g Zucker zehnmal weniger disponible Wärme findet, wenn sie ihn in Alkohol und Kohlensäure spaltet, als wenn sie ihn an der Luft verbrennt, zehnmal mehr Zucker zerstören, um die gleiche Arbeit in Aufbau und Unterhalt zu leisten.

Nicht alle Hefen besitzen das gleiche Gärvermögen, noch können sie alle gleich schnell aërobe mit anaërober Lebensweise vertauschen. Einige Hefen greifen den Zucker nur langsam an und entwickeln wenig Kohlensäure, haben also viel längere Zeit freien Sauerstoff zu ihrer Verfügung.

Gärvermögen. — Was ist Gärvermögen? Besteht eine Beziehung zwischen der Existenz der Hefezelle und dem Gärvermögen?

Pasteur definierte das Gärvermögen als das Verhältnis zwischen dem Gewicht der umgewandelten Nahrung und dem Gewicht der Zellen oder Mikroben, welche sie verarbeitet haben. Er wollte damit sagen, daſs das Gärvermögen dem mechanischen Arbeitsbegriff entspricht, denn er hat dem Begriff der Zeit keine Rolle zugeschrieben.

Der Wert eines Mikroorganismus als Ferment oder sein Gärvermögen läſst sich auf verschiedene Weise ausdrücken, für die Hefe z. B. durch die Maximalmenge von Alkohol, welche sie erzeugt, oder durch das Verhältnis des Gewichtes des Alkohols zum Gewichte des verbrauchten Zuckers, oder endlich durch das Verhältnis der Menge des verarbeiteten Zuckers zum Gewicht der dabei gebildeten Hefe. Man ist dahin übereingekommen, als Gärvermögen der Hefe die von einem Gramm Hefe unter bestimmten Bedingungen verbrauchte Menge Zuckers zu bezeichnen.

Es geht daraus hervor, daſs der Hefefabrikant nach Arbeitsbedingungen für schwaches Gärvermögen, der Brauer dagegen nach solchen suchen muſs, unter welchen das Gärvermögen eine gewisse Höhe erreicht.

Das Gärvermögen hängt natürlich von verschiedenen Faktoren ab, als der Gegenwart oder Abwesenheit von Sauerstoff, der Zusammensetzung des Kulturbodens und dessen Gehalt an Kohlehydraten, an Stickstoffverbindungen, an Säuren und von ihrer Natur etc.

Bringen wir in eine weite Schale eine schwach infizierte, vergärbare Flüssigkeit und unterbrechen den Versuch nach den ersten Tagen, so kann das Gewicht der gebildeten Hefe ein Viertel vom Gewicht des verbrauchten Zuckers betragen: das Gärvermögen ist also in diesem Fall gleich vier.

Zwischen dem zur Verfügung stehenden Sauerstoff und dem Gärvermögen besteht eine innige Beziehung.

Die Gewichtsmenge Zucker, welche ein bestimmtes Gewicht Hefe zum Verschwinden bringen kann, ist um so gröſser, je weniger Sauerstoff von Beginn des Versuches an vorhanden war, und das Gärvermögen kann unter diesen Verhältnissen im Laufe des Versuches ziemlich hohe Zahlen (100, 150, 175, 200) erreichen.

Die folgenden Beispiele zeigen uns, wie sehr das Gärvermögen je nach den Bedingungen des Versuchs schwanken kann.

a) Es schwankt je nach der Hefenart:

Bezeichnung der Hefe	Gebildete Hefe	Bleibender Zucker	Gärvermögen
2	2,56 g	21,8 g	68
14	3,72 »	10,2 ‹	50

b) Es schwankt mit der Temperatur (25 und 35 °):

Malzkeimabsud mit 86,21 g Saccharose pro Liter.

Bezeichnung der Hefe	Gebildete Hefe 25°	35°	Bleibender Zucker 25°	35°	Gärvermögen 25°	35°
2	1,43 g	1,01 g	—	—	60	85
32	2,19 »	0,72 »	—	—	39	119

c) Es wechselt mit dem Gehalt des Nährbodens an Stickstoffverbindungen:

Malzkeimabsud (gezuckert) mit verschiedenen Peptonmengen.

3% Pepton			0,5% Pepton		
Gewicht der Hefe	Gärvermögen	Bleibender Zucker	Gewicht der Hefe	Gärvermögen	Bleibender Zucker
0,224	61	5,04	0,154	42	12,25

d) Es schwankt je nach der Zuckerart:

Malzkeimabsud mit 21,55 % Glykose oder 21,22 % Lävulose (25 und 35 °).

Bezeichnung der Hefe und der Zuckerart	Gewicht der Hefe	Gärvermögen bei 25°	Bleibender Zucker	Gewicht der Hefe	Gärvermögen bei 35°	Bleibender Zucker
2 { Lävulose .	2,300	84,9	16,85	1,300	113,1	65,10
Glykose .	2,250	96,0	2,50	1,700	100,2	45,15
37 { Lävulose .	3,100	61,1	22,75	2,125	82,9	35,92
Glykose .	2,625	80,4	4,67	2,650	74,8	17,95

e) Es schwankt mit dem Säuregehalt des Nährbodens:

Malzkeimabsud mit 86,21 g Zucker, neutral oder mit 2,22 g Weinsäure pro Liter angesäuert.

Hefe 32.

Analyse	Bei 25°		Bei 35°	
	Sauer	Neutral	Sauer	Neutral
Bleibender Zucker	—	—	6,10	—
Gewicht der Hefe	1,87	2,19	0,64	0,72
Gärvermögen . . .	46	39	125	119

f) Es wechselt mit der Natur der Säure:

Malzkeimabsud mit 196,22 g Saccharose pro Liter, welchem 5,71 g Weinsäure resp. 5,38 g Äpfelsäure zugesetzt wurden.

Bezeich-nung der Hefe	Gewicht der Hefe	Bleibender Zucker mit Weinsäure	Gär-vermögen	Gewicht der Hefe	Bleibender Zucker mit Äpfelsäure	Gär-vermögen
2	1,54	66,6	84	2,16	46,9	69
16	2,36	75,9	51	2,24	32,7	74
19	1,60	53,1	90	2,02	39,2	77

g) Es schwankt mit der Menge derselben Säure:

Malzkeimabsud mit 162,3 g Saccharose, welchem jeweils 7 g, 3,50 g und 1,75 gr Citronensäure pro Liter zugesetzt wurden (25 und 35°).

Hefe 71.

Analyse	7 g		3,50 g		1,75 g	
	25°	35°	25°	35°	25°	35°
Bleibender Zucker	2,4	51,6	2,4	10,5	2,4	9,1
Gewicht der Hefe	1,025	0,705	1,225	1,295	1,425	1,385
Gärvermögen . . .	158	147	132	119	114	112

Nicht die gesamte Menge des verbrauchten Zuckers wird zu Alkohol; ein Teil desselben verwandelt sich in Wasser und Kohlensäure. Wenn wir also die Menge des erzeugten Alkohols in die Definition des Gär-vermögens einführen, so sehen wir, daß dasselbe sowohl von der Menge des umgewandelten Zuckers als auch von der Art dieser Um-wandlung bestimmt wird.

Die Fähigkeit, Gärung zu erregen, ist weder auf Zellen bestimmter Art beschränkt, noch ist sie eine Lebensbedingung der Hefe. Die höhere Pflanzenzelle ist darin den Hefen vollkommen gleich und wird bei Sauerstoffmangel zum Gärungserreger.

In der That wissen wir aus den Arbeiten von Bérard, Le-chartier und Bellamy, daſs vom Baum losgelöste reife Früchte weiterleben, daſs der Zucker verschwindet und daſs Alkohol und Kohlensäure entstehen. Muntz hat seitdem nachgewiesen, daſs in luftleeren Räumen ganze Pflanzen oder Pflanzenteile sich in gleicher Weise verhalten und Alkohol und Kohlensäure bilden.

Gärkraft, Gärungsenergie einer Hefe. — Eine Hefe kann eine bestimmte Menge Zucker mehr oder weniger schnell verarbeiten; wie wir bereits wissen, spielen hier verschiedene Faktoren eine Rolle, der Zustand der Hefe, ihr Alter, die Lüftung des Nährsubstrates und sein Säuregehalt u. s. w.; doch wird man dadurch, daſs man zwei Hefen denselben Lebensbedingungen unterwirft, sie unter einander vergleichen und beobachten können, innerhalb welcher Zeit sie die gleiche Menge Zucker zum Verschwinden bringen; die gärkräftigere wird diejenige sein, welche ihn am schnellsten verarbeitet.

Man kann mit Gärkraft einer Hefe diejenige Zuckermenge bezeichnen, welche die Gewichtseinheit dieser Hefe unter bestimmten Bedingungen in der Zeiteinheit zum Verschwinden bringt; diese Menge wollen wir a nennen.

Der verschwundene Zucker hat zum Teil dazu gedient, ein Gewicht Hefe l in der Zeit t zu bilden; diese Zuckermenge ist deutlich proportional dem Gewicht der Hefe und kann durch ml ausgedrückt werden, wobei m eine im wesentlichen der Einheit gleiche Konstante darstellt, denn die chemische Zusammensetzung des Zuckers und der Hefe schwankt nur in geringen Grenzen. Ein anderer Teil des Zuckers wurde zum Unterhalt der Hefe verbraucht; derselbe wird offenbar proportional sein dem Gewicht der Hefe l in der Zeit t multipliziert mit der in der Zeiteinheit durch die Einheit der Hefe verbrauchte Zuckermenge, mit anderen Worten durch die Gärkraft a und soll daher mit alt bezeichnet werden, vorausgesetzt, daſs die Gärkraft der Hefe während der ganzen Dauer der Gärung konstant bleibt.

Das Gewicht des verschwundenen Zuckers S ist also

$$S = ml + alt.$$

Indessen ist der Verbrauch für den Unterhalt so berechnet worden, als ob das Gewicht der Hefe vom Anfang bis zum Ende der Gärung konstant geblieben sei. Dies ist nicht der Fall; doch kann man sich immerhin eine bestimmte unveränderliche Hefemenge denken, welche vom Anfang bis zum Ende der Gärung in Wirkung ist; dieselbe würde in der gleichen Zeit die gleiche Arbeit geleistet haben wie die wechselnden Hefemengen, welche in Wirklichkeit thätig waren. Alles verläuft, wie

Hansen gezeigt hat, derart als ob ein Drittel der zum Schluſs vorhandenen Hefemenge während der ganzen Dauer der Gärung in Wirksamkeit gewesen sei. Immerhin wollen wir mit Duclaux das Gewicht l der Hefe als gleichwertig mit dem wirklichen Gewicht betrachten. Wir haben

$$S = ml + alt$$

$$\frac{S}{l} = \text{Gärvermögen} = m + at.$$

Wir sehen, daſs das Gärvermögen in Wirklichkeit von der Zeit und der Gärkraft der Hefe abhängt. Wir sehen ebenso, daſs ein Gärungserreger um so gärkräftiger ist, je mehr Zucker er bei gleichem Gewicht zerstört.

Bei aërober Lebensweise, wo das Gärvermögen schwach ist, überwiegt der Verbrauch für den Aufbau der Zelle; bei anaërobem Leben, wo das Gärvermögen hoch ist, bestimmt der Verbrauch für den Unterhalt der Zelle den Wert von a.

A. *Versuch mit den Zuckerarten Lävulose und Glykose; Dauer der Gärung bei 25° = 7 Tage und bei 35° = 5 Tage.*

Bezeichnung der Hefe	Zuckerart	Wert von a	
		25°	35°
2	Lävulose	12,1	22,6
2	Glykose	13,5	20,1
37	Lävulose	8,6	16,6
37	Glykose	11,5	15,0

Wir sehen, daſs a für Lävulose bei 35° höher, bei 25° kleiner ist als für Glykose, und zwar gilt dies für beide Hefearten. Allein diese Resultate sind am Ende des Versuchs erhalten worden, und es wäre interessant, durch Entnahme von Proben zu verschiedenen Zeitpunkten zu beobachten, nach wie langer Zeit eine bestimmte Hefe unter gleichen Bedingungen die gleichen Mengen von Lävulose resp. Glykose zum Verschwinden bringt; besteht immer der gleiche Unterschied wie am Ende, oder schreitet die Zersetzung bis zu einem gewissen Zeitpunkt bei beiden Zuckerarten gleich schnell fort, so daſs die erwähnten Verschiedenheiten erst von einem bestimmten Zuckergehalte an auftreten?

B. *Versuch mit verschiedenen Gaben von Pepton; anfänglich vorhandener Zucker 18,70 g. Dauer 4 Tage.*

Pepton	3 %	1,2 %	0,5 %
a	15	12	10

Die Gärkraft ist also um so gröfser, je mehr Stickstoffverbindungen vorhanden sind.

Die Erscheinung der alkoholischen Gärung wird nun leicht zu verstehen sein nach allem, was wir im vorhergehenden über die beiden Lebensarten der Hefe und über ihr Gärvermögen gesagt haben.

Einflufs des Sauerstoffs. Atmung der Hefe. — Brefeld hatte behauptet, die Hefe könne nicht ohne freien Sauerstoff leben. Pasteur hat darauf nachgewiesen, dafs die Gärungsthätigkeit der Hefe gerade eine notwendige Folge des Lebens ohne Luft, ohne freien Sauerstoff ist.

Hefezellen, welche in ein gelüftetes Medium eingeführt werden, absorbieren sehr leicht den Sauerstoff und verursachen eine entsprechende Entwicklung von Kohlensäure; man kann sogar auf diese Weise Wasser vom Sauerstoff befreien. Man braucht zu diesem Zwecke nur je 1 bis 2 g frischer Hefe in einem Liter Wasser zu verteilen und das Ganze während einiger Stunden bei 25 bis 30 ° sich selbst zu überlassen. Die Absorption des Sauerstoffs hört vollkommen auf, wenn man die Hefe durch Erhitzen tötet. Die Hefe hat in der That eine grofse Vorliebe für Sauerstoff, und entzieht Hämoglobinlösungen dieses Element sehr schnell.

Schutzenberger liefs bei einer Temperatur von 35 ° mit Sauerstoff gesättigtes Blutserum durch eine lange Röhre aus Goldschlägerhäutchen laufen; diese Röhre tauchte in Serum, welches von Blutkörperchen vollkommen befreit war und in welchem Bierhefe suspendiert schwamm: das Blut zeigte beim Austreten schwärzlichbraune Färbung. In der That ist bei 33 bis 40 ° die von der Gewichtseinheit der Hefe in der Zeiteinheit verbrauchte Sauerstoffmenge am gröfsten.

Man kann annehmen, dafs bei der gewöhnlichen Gärungstemperatur von 20 bis 25 ° ein Gramm trockener Hefe in reinem Wasser im Durchschnitt pro Stunde 5 ccm Sauerstoff in Kohlensäure umwandeln kann.

Diese Atmungsenergie ist unabhängig von der Menge der Hefe und der Menge des vorhandenen Sauerstoffs. Sie ist viel schwächer nach Waschungen, durch welche die in der Hefe vorhandenen oxydierbaren Stoffe entfernt werden.

Pasteur hat dargethan, dafs 1 g Hefe in breiter Oberfläche, wenn sie also leicht mit Sauerstoff in Berührung kommt, mehr als 40 mg Sauerstoff absorbiert, d. i. ein Fünfundzwanzigstel ihres Gewichts.

Welchen Einflufs übt der Sauerstoff auf die Hefe aus? Man findet, dafs nach Berührung mit dem Sauerstoff der Luft die Ernährungsthätigkeit energischer ist und dafs dieses Gas je nach den Umständen in gröfseren oder geringeren Mengen absorbiert wird.

Der Sauerstoff wird nach und nach in den Zellen aufgespeichert und an die oxydierbaren Stoffe gebunden; später regt er sie zu Leben und Ernährung an und wirkt so auf Generationen weiter.

Allein die Hefe begnügt sich nicht damit, Sauerstoff in Lösung zu absorbieren, sie greift auch gebundenen Sauerstoff an. So kommt es, dafs die Nährflüssigkeiten sich im Laufe der Gärung entfärben, und zwar mit bestimmten Hefen viel leichter als mit anderen. Der Sauerstoff in Lösung verjüngt die Hefe, eine alte Hefe aber ist nicht im stande, Sauerstoff seinen Verbindungen zu entreifsen.

Schutzenberger bestimmte die Sauerstoffmenge, welche die Hefeeinheit in der Zeiteinheit in gelüftetem, von Nährstoffen freiem Wasser absorbiert, und fand, dafs die absorbierte Sauerstoffmenge der Zeit und dem Gewichte der Hefe proportional ist.

Die Gegenwart von Sauerstoff begünstigt die Vermehrung der Hefe, deren Verjüngung zur weiteren Sauerstoffabsorption Anlafs gibt.

Diese Vermehrung ist besonders lebhaft am Anfange, wird aber nach und nach langsamer. Ihre Dauer ist um so kürzer, je höher — bis zu einem bestimmten Grade — die Temperatur ist; sie findet um so langsamer statt und verliert um so mehr an Lebhaftigkeit, je niederer die Temperatur sinkt.

Schritt für Schritt wird der absorbierte Sauerstoff durch Kohlensäure ersetzt, welche der Vermehrung nicht günstig ist. So mufs der Hefefabrikant seine Flüssigkeit während der Gärung fleifsig lüften: das beste Mittel zur Beurteilung seines Erfolges liegt in der Gewichtszunahme der Hefe und in der Abkürzung der zum Verschwinden des Zuckers nötigen Zeit.

Hansen hat über die Vermehrung der Hefen Untersuchungen angestellt; im folgenden geben wir einige der von ihm gefundenen Zahlen:

Zeitangaben	Anzahl der Zellen		
	Nicht gelüftete Flüssigkeit	Gelüftete Flüssigkeit	Zu gunsten der gelüfteten Flüssigkeit
Erster Tag	55	55	—
Zweiter Tag	279	800	521
Dritter Tag	405	1498	1093

Hansen fand so, dafs in einer Gärung alles derart verläuft, als ob während der ganzen Dauer des Versuchs eine Hefemenge in Wirksamkeit sei, welche einem Drittel des Endgewichtes entspricht. Übertragen wir diese Zahl auf den vorerwähnten Versuch Pasteurs, so finden wir, dafs die Atmungsenergie durch $\frac{3}{25}$ oder $\frac{1}{8}$ ausgedrückt wird, d. h. ein Gramm Hefe kann pro Stunde 120 mgr Sauerstoff verbrauchen, während ein Blutkörperchen nur $\frac{1}{33}$ seines Gewichts verbraucht.

Dieser Einflufs des Sauerstoffes wird am besten durch den folgenden Versuch Pasteurs veranschaulicht:

»Bringt man in eine luftfreie zuckerhaltige Flüssigkeit eine gealterte Hefe, so findet die Gärung fast kein Ende. Die Entwicklung von Kohlensäure geschieht mit immer kleineren, immer seltener aufsteigenden Bläschen, bis sie zuletzt ganz aufhört. Führt man in diesem Augenblick ein kaum wahrnehmbares Luftbläschen ein, so löst sich der in ihm enthaltene Sauerstoff rasch und verteilt sich in der Flüssigkeit. Weniger als eine Stunde später ist in der mit Kohlensäure gesättigten Flüssigkeit die Gasentwicklung wieder lebhafter geworden und dauert während einiger Tage an; sie hört dann wieder auf, um durch ein neues Bläschen von gleicher Gröfse wie das erste wieder angeregt zu werden.«

Man kann sagen, dafs jede Hefe, die nicht von ihren Vorfahren eine Minimaldose Sauerstoff mitbekommen hat, zu Grunde gehen mufs. Die Hefe hat im allgemeinen genügend Sauerstoff zu ihrer Verfügung; nur in konzentrierten Medien kann die Lüftung zumal anfangs von Nutzen sein. Der Wechsel von aërober zu anaërober Lebensweise, in welcher die Hefe zum Gärungserreger wird, geht ohne bemerkbaren Übergang weder in Gestalt noch in Aussehen noch in der Lebensweise der Zelle vor sich.

Die Hefe nimmt den Sauerstoff, wo sie ihn findet, indem sie sauerstoffhaltige Substanzen zersetzt; eben diese Fähigkeit macht sie zum Gärungserreger.

Ein winziger Teil dieses Sauerstoffes wird zum Aufbau der Zelle verbraucht; bei weitem den gröfsten Teil verwendet sie zu ihrem Unterhalt. Dieser letztere dient zu positiver Arbeit; er liefert die Wärme, deren die Hefe bedarf und wird so für die Hefe zur Quelle aller Lebensthätigkeit.

Die bei der Spaltung des Zuckers freiwerdende Wärme scheint nach Buffards letzten Untersuchungen 23 bis 24 Kalorien für das Molekül zerstörten Zuckers zu betragen.

Schwankungen in den Produkten der alkoholischen Gärung. -- Die Hauptwirkung der alkoholischen Gärung besteht in der Umwandlung des Zuckers in Alkohol unter dem Einflusse von Hefen oder von gewissen Schimmelpilzen.

Der Zucker wird in zwei Teile gespalten, von denen der eine, die Kohlensäure, reicher, der andere, der Alkohol, ärmer an Sauerstoff ist als der Zucker.

Gay-Lussac hatte diese Erscheinung in der sehr einfachen Gleichung dargestellt:

$$C_6 H_{12} O_6 = 2 C_2 H_6 O + 2 CO_2$$

was theoretisch gibt:

Für krystallisierte Glykose	46,46	Alkohol
» wasserfreie	»	51,10	»
» Kandiszucker	53,8	»

Wir wissen, daſs diese Gleichung nicht die vollständige Umwandlung wiedergibt. Pasteur hat nachgewiesen, daſs sich gleichzeitig Glycerin und Bernsteinsäure bilden, und nach ihm geben 105,65 g Traubenzucker ungefähr:

Alkohol	51,11
Kohlensäure	49,42
Bernsteinsäure	0,673
Glycerin	3,40
Hefe	1,30

Seit diesen ersten Arbeiten ist die alkoholische Gärung Gegenstand zahlreicher Untersuchungen geworden, aus denen sich ergeben hat, daſs diese verschiedenen Erzeugnisse in ziemlich weiten Verhältnissen schwanken; weiterhin hat man unter den Endprodukten höhere Alkohole, Aldehyde, flüchige Säuren, Äther, Tyrosin, Leucin etc. gefunden, von denen die einen dem Zucker entstammen, während die anderen im Gegenteil Leidensprodukte der Hefe sind.

Lindet wies nach, daſs die Erzeugung höherer Alkohole verhältnismäſsig geringfügig ist, wenn man durch reichliche Einsaat, verhältnismäſsig niedere Temperatur oder auch durch Einführung von Stickstoffverbindungen wie sterilisierter Malztreber für lebhafte Gärung sorgt.

Thylmann und Hilger fanden, daſs der Glycerinertrag stark mit den Bedingungen schwankt, unter welchen die Gärung verläuft. Einführung von Nährstoffen sowie Erhöhung der Temperatur scheinen die Bildung von Glycerin zu befördern; langsame Gärung und niedere Temperatur wirken im entgegengesetzten Sinne.

Rau's Untersuchungen scheinen eine direkte Beziehung zwischen der Alkoholbildung und der Erzeugung von Bernsteinsäure darzuthun. Nach ihm bleibt die Einführung von Nährstoffen in die zu vergärende Flüssigkeit ohne Einwirkung auf die Bildung von Bernsteinsäure.

Effront stellte fest, daſs Glycerin und Bernsteinsäure besonders in den letzten Stadien der Gärung auftreten und schloſs daraus, daſs ihre Bildung durch die Schwächung der Hefe bedingt wird.

Aldehyd wurde von Duclaux bei Milchzuckervergärung nachgewiesen; Linossier und Roux haben den gleichen Körper in der
Gärung der Glykose durch den sog. Maiglöckchenschimmel (moisissure
du muguet) gefunden.

Röser fand seinerseits, daſs Aldehyd sich besonders bei Gegenwart von Luft bildet und daſs die verschiedenen Hefearten auch verschiedene Aldehydmengen erzeugen können.

Wir betrachten endlich die Exkretionsprodukte der Hefe, unter
welchen die flüchtigen Säuren die wichtigsten sind.

Wie wir wissen, überschreitet in dem Augenblick, in dem aller
Zucker umgewandelt ist, die gebildete Essigsäure nicht 0,05 % vom
Gewicht des Zuckers.

Durch Waschen kann man leicht der Hefe die flüchtigen Säuren
(Essigsäure, Propionsäure, Valeriansäure) entziehen; nach einigen Stunden
findet man indessen wieder die gleiche Menge.

Das Zellenleben dauert in der That einige Zeit auf Kosten der
Inhaltstoffe der Zelle selbst fort; während dieser in der Zelle sich
abspielenden Umwandlungen bildet sich die Essigsäure, und die
erzeugten Mengen der Säure stehen in ziemlich genauem Verhältnis zur
Energie des Zellenlebens unter den angeführten Bedingungen.

Die Bildung von Essigsäure nimmt bedeutend zu, sowie die
eigentliche Gärung aufhört. Duclaux lieſs 200 g Zucker mit einem
Kilogramm Hefe vergären und fand 1,20 g Essigsäure; nachdem die
Flüssigkeit zwei Tage lang sich selbst überlassen worden war, stieg die
Menge auf 2,10 g.

Weinsaures Ammon, phosphorsaures Ammon und der Säuregehalt
des Nährbodens scheinen gleicher Weise die Bildung derselben zu begünstigen; im allgemeinen sind die Mengen flüchtiger Säuren um so
grösser, je ärmer der Nährboden an Nahrungsstoffen ist und je mehr
die Hefe leidet.

Boullanger fand die folgenden Mengen flüchtiger Säuren pro
Liter bei wechselnden Peptongaben:

Würze mit 3% Pepton	Würze mit 1,2% Pepton
0,481 g	0,759 g

Wie oben erwähnt, erhöhen Peptongaben das Gärvermögen und
die Gärkraft der Hefe; die Gärung wurde mit 3% Pepton schneller
zu Ende geführt und es bildeten sich weniger flüchtige Säuren. Die
Gabe von 3% Pepton würde indessen auf die Dauer die Hefe schädigen;

wissen wir doch in der That, daſs stickstoffreiche Hefen bald sehr
unthätig werden.

Die Bildung dieser Säuren muss nach Duclaux dem Mechanismus
der Stickstoffernährung zugeschrieben werden, was durch Kruis' letzte
Untersuchungen von neuem bewiesen wurde. Auch Ameisensäure ist
gefunden worden, allein diese Säure kann sich auf die Dauer selbst
in sterilisierter Würze allein durch lange Berührung der letzteren mit
der Luft bilden.

Bringt man Hefe in ungezuckerte Medien, so bringt sie gewisse
sekundäre Produkte hervor: Leucin, Tyrosin, Ammoniak u. s. w.; dieselben sind Zersetzungsprodukte der Eiweiſskörper, welche die Hefe
unter gewissen Lebensbedingungen angreifen und zerstören kann. Die
Bildung dieser Körper ist in zuckerhaltigen Nährböden weniger leicht
und weniger oft zu beobachten, da sie hier durch die Zersetzungsprodukte des Zuckers verdeckt werden.

Die verschiedenen Produkte der alkoholischen Gärung werden je
nach den Verhältnissen, unter welchen man arbeitet, sowie unter dem
Einfluſs verschiedener im folgenden zu untersuchender Faktoren in
sehr schwankenden Mengen erzeugt.

1. *Einfluſs des verwendeten Erregers der alkoholischen Gärung.* —
Wir wissen, daſs verschiedene Schimmelpilze Gärvermögen besitzen:
Penicillium glaucum, Aspergillus niger aus der Gruppe der Askomyceten,
Rhizoporus nigricans, Aspergillus oryzae, Monilia candida, die Muco-
rineen, ein Schimmelpilz, welchen ich auf der Ananas fand, ein anderer
von Bananen stammender u. s. w.

Aspergillus und Penicillium geben nur wenig Alkohol; bei den
Mucorineen ist die Alkoholausbeute eine höhere, aber von einer Art
zur anderen sowie mit verschiedenen Zuckerarten schwankend.

So erzielte Gayon mit Mucor circinelloïdes:

In Bierwürze	4,1%	Alkohol
» Traubenmost . . .	4,7%	»
» Glykoselösung . . .	3,9%	»
» Lävuloselösung . .	4,7%	»

und er hat auch die Verwendung dieses Schimmels zur Darstellung
von Rohrzucker aus Melasse empfohlen, da er denselben nicht angreift.
Heute kennen wir Hefen gleicher Art, d. h. solche, welche Rohrzucker
nicht angreifen.

Andere Arten liefern in Bierwürze folgende Alkoholmengen:
Mucor erectus bis zu 8% Alkohol, Mucor spinosus 5%, Mucor race-
mosus 7%.

Der von Linossier und G. Roux untersuchte Maiglöckchenschimmel vergärt ebenfalls Lävulose, Glykose, Maltose und erzeugt

dabei Alkohol, Glycerin, Bernsteinsäure, Essigsäure, Buttersäure, Aldehyd etc.

Der Ananasschimmelpilz ergab mir bis zu 1% Alkohol in Saccharose- und Glykoselösungen.

Das alles sind ja verhältnismäfsig geringe Werte; die Hefen zeigen uns viel bedeutendere Unterschiede für Alkohol, Glycerin, Bernsteinsäure, flüchtige Säuren etc.

Ich will hier nur einige Beispiele anführen, welche deutlich die mit der verwendeten Hefeart wechselnde Menge dieser Produkte bei sonst ganz gleichen Lebensbedingungen veranschaulichen; alle Werte sind auf den Liter bezogen.

a) *Schwankungen des Gehaltes an Alkohol, Essigsäure, Glycerin und Bernsteinsäure im nämlichen Malzkeimabsud:*

Bezeichnung der Hefe	Alkohol (Volumen)	Essigsäure	Glycerin	Bernstein- säure
1	95,9	0,809	4,725	0,957
37	87,6	0,781	2,815	0,818

b) *Schwankungen des Glyceringehaltes in vier verschiedenen Weinmosten* (Wortmann):

Bezeichnung der Hefe	Most I	Most II	Most III	Most IV
A	4,204	6,054	5,906	5,258
W	6,018	6,992	6,530	5,626

c) *Schwankungen des bleibenden Zuckers und des Gehaltes an flüchtigen Säuren mit Apfelweinhefen:*

Bezeichnung der Hefe	Bleibender Zucker	Flüchtige Säuren als Essigsäure
b	6,87	0,28
e	6,89	0,11
l	20,75	1,09

2. *Einflufs der Temperatur.* — Wie wir wissen, bevorzugen die untergärigen Brauereihefen Temperaturen von 5 bis 10°; die obergärigen Typen, Brennerei- und Ciderhefen ertragen leicht 20, 22, 25°. Bei 32, 33 und manchmal bei 35° geben Weinhefen noch gute Gärung.

Es ist daher vorauszusehen, dafs je nach hoher oder niederer Temperatur die Produkte verschieden sein werden; im folgenden geben wir einige Beispiele, welche auf verschiedene Weinhefen Bezug haben. Dieselben waren in denselben Malzkeimabsud eingesät, welcher 180,7 g Zucker enthielt und bei 25° resp. 35° gehalten wurde.

Bezeichnung der Hefe	Bei 25°			Bei 35°		
	Bleibender Zucker	Flüchtige Säuren $(C_2 H_4 O_2)$	Glycerin	Bleibender Zucker	Flüchtige Säuren $(C_2 H_4 O_2)$	Glycerin
2	2,70	0,979	3,405	115,0	0,780	1,243
8	3,15	1,112	3,943	74,4	1,504	2,990
9	2,84	0,862	3,060	58,5	0,828	1,947

Die Temperatur hat ferner grofsen Einflufs auf das Gewicht der gebildeten Hefe, wie die folgende Tabelle zeigt; darin ist auch das mit der Hefenart und der Temperatur schwankende Gärvermögen hervorgehoben.

Bezeichnung der Hefe	Bei 35°		Bei 25°	
	Gewicht pro Liter	Gärvermögen	Gewicht pro Liter	Gärvermögen
2	0,566	116,3	1,492	119,3
9	0,922	132,6	1,350	131,8
27	1,444	75,6	1,324	132,3
18	1,144	103,8	1,976	90,1

3. Einflufs des Zuckergehaltes. — Zuckerlösungen von 30% enthalten wohl die gröfstmöglichen Mengen vergärbaren Zuckers und sind bereits der Wirkung der Sukrase hinderlich. Andere Faktoren können diese Grenze verschieben: Weinhefen, welche sonst im allgemeinen Most von 30% Zuckergehalt nicht völlig vergären können, konnten fast allen Zucker eines Honigmostes verarbeiten, welcher neben Mineralstoffen 30,43% Glykose enthielt. In diesem Most liefs die Hefe 9 pro Liter 2,15 Zucker, die Hefe 49 pro Liter 2,63 Zucker unzerstört, was jeweils 16,9 und 16,7% Alkohol entspricht.

Ein Gehalt von 10 bis 20% Saccharose, Invertzucker, Glykose oder Maltose ist der günstigste für gute Gärung. In solchen Lösungen verschiedener Zuckerarten arbeiten einigermafsen energische Hefen in gleicher Weise, wiewohl die osmotischen Kräfte den Atomgewichten umgekehrt proportional sind.

Einige Forscher nehmen für Saccharose zwei Concentrationsoptima an, welche nach Wiesner z. B. zwischen 2 und 4% und zwischen 20 und 25% liegen.

Archleben fand bei seinen Arbeiten über die Vermehrung der Hefezellen in Bierwürze für die Hefefabrikation zwei Optima zwischen 10 und 14 % und zwischen 19 und 25 % Zucker.

Der Einfluſs des Zuckergehalts tritt weiterhin hervor bei Vergleichung der Gärungsprodukte, namentlich der flüchtigen Säuren (Leidensprodukte). Man findet dabei, daſs der zuckerreichste Nährboden auch der reichste an flüchtigen Säuren ist.

4. *Einfluſs der Zuckerart.* — Zuckerlösung, welcher die nötigen Stickstoff- und Mineralstoffe in Form von etwas Hefewasser beigefügt waren. Sehr geringe Einsaat.

Analyse	Laktose 9,948 g	Glykose 9,814 g	Unkrystallisierbarer Zucker 9,976 g	Kandiszucker 9,599 g
Ertrag an Hefe . . .	0,192	0,170	0,136	0,152
Bernsteinsäure	0,075	0,066	0,058	0,068
Glycerin	0,338	0,297	0,280	0,288

Der Gehalt der vergorenen Flüssigkeit an Glycerin und Bernsteinsäure ist also sehr verschieden je nach der Zuckerart.

5. *Einfluſs der Stickstoffnahrung.* Es steht wohl fest, daſs Stickstoff die Gärung fördert, was ja auch zur genüge aus den bei Besprechung der Gärkraft angeführten Beispielen hervorgeht. Wir können wohl auch als erwiesen annehmen, daſs Glycerin und Bernsteinsäure in geringerer Menge gebildet werden, wenn das Nährmedium Stickstoffsubstanzen in genügendem Maſse enthält.

6. *Einfluſs der Säure.* — Eine Säure beeinfluſst nicht nur durch ihre Menge, sondern auch durch ihre Natur die verschiedenen Produkte der alkoholischen Gärung; Glycerin und flüchtige Säuren können beispielsweise in weiten Grenzen schwanken:

Lafar brachte neutralisierten Traubenmost durch Einführung verschiedener Säuren ungefähr auf den Säuregehalt normalen Mostes. Mit diesem Material lieferten ihm zwei Weinhefen die folgenden Glycerinmengen:

Nährflüssigkeit	Glycerin pro Liter	
	Hefe 1	Hefe 2
Most normal	6,96 g	6,98 g
› neutral	7,30 ›	8,72 ›
› mit Bernsteinsäure . . .	6,98 ›	8,32 ›
› › Essigsäure	5,66 ›	6,06 ›
› › Oxalsäure	7,34 „	6,92 ›
› › Äpfelsäure	7,72 ›	7,56 ›
› › Weinsäure	6,98 ›	7,44 ›

Die Bildung von flüchtigen Säuren ist ebenso schwankend: bei einem anfänglichen Säuregehalt von 4 g Weinsäure auf den Liter gab Hefe 14, in Malzkeimabsud 0,25 g Essigsäure; bei einem anfänglichen Säuregehalt von 8 g lieferte sie 0,58 Essigsäure pro Liter.

Andererseits erzeugte die Hefe 71, in Würze mit 3,75 g Weinsäure 0,57 gr Essigsäure und nur 0,30 g in Most mit 3,50 g Citronensäure pro Liter.

Endlich variirt auch die Hefenernte mit der verwendeten Säureart:

Hefe	Neutrale Würze		Würze m. Weinsäure		Würze m. Apfelsäure	
	Gewicht der Hefe pro Liter	Gärvermögen	Gewicht der Hefe pro Liter	Gärvermögen	Gewicht der Hefe pro Liter	Gärvermögen
7	3,00	62	1,38	90	3,00	58
19	3,32	59	1,60	90	2,02	77
37	2,76	71	1,48	130	1,16	109

7. *Einfluß der Zeit und der Menge der angewandten Hefe.* — Ein Übermaß an Saathefe kürzt die Dauer der Gärung nicht ab; dieselbe ist vor allem der Menge des Zuckers proportional.

40 g Hefe brachten in 16 Minuten 1 g Glykose in 200 ccm Wasser zum Verschwinden; dieselbe Hefemenge brauchte der vorhergehenden Inversion wegen 34 Minuten, um 1 g Saccharose zu zersetzen.

150 ccm Wasser mit Zucker	Mit 20 g Hefe	
	Dauer der Zersetzung (in Minuten)	Verhältniszahl
0,5 g	55	0,5
1 »	108	1
2 »	215	2
3 »	430	4

8. *Einfluß vorhergehender Behandlung.* — Mit Flußsäure behandelte Hefen erregen kräftigere Gärung; nach E f f r o n t bilden sie mehr Alkohol und weniger Glycerin und Bernsteinsäure. Jedenfalls verhalten sich die einzelnen Hefearten der Flußsäurebehandlung gegenüber verschieden.

Ebenso bringen an schweflige Säure gewöhnte Hefen die mit der genannten Säure behandelten Moste schneller in Gärung (Station oenologique du Gard).

9. *Einfluß der Lüftung.* — Die Lüftung steigert das Gewicht des Hefenertrags. Diese Thatsache hat ihre große Bedeutung für Hefefabriken, in denen man heutzutage dank neuer Verfahren 20 bis 25 % vom Gewicht des Malzes in Hefe gewinnt.

Nach Delbrücks Beobachtungen bleiben die Rassen, welche ohne Lüftung die besten Resultate liefern, in gelüfteten Würzen nicht notwendigerweise auf der gleichen Höhe.

Ausscheidung von Fermenten. — Gewisse Zuckerarten werden von den Hefen durch Fermente umgebildet und dann vergoren.

Bekanntlich speichert die Pflanze in ihrer Jugend gewisse Stoffe in ihren Geweben auf, welche zur Zeit der Blüte oder Befruchtung unter der Einwirkung von Fermenten löslich werden und so in der Ernährung der Pflanzen und Tiere ihre Rolle spielen.

Diese Fermente konnten in absoluter Reinheit bisher nicht dargestellt werden, und ihre Eigenschaften sind grofsen Schwankungen unterworfen.

Durch eben diese in der lebenden Zelle gebildeten löslichen Fermente hat man tiefere Einsicht in die Thätigkeit der Mikroorganismen gewonnen.

Die Fermente sind lösliche Körper. Sie treten jedesmal auf, wenn im Innern der Zelle bestimmte Umwandlungen sich abspielen sollen. In ihren Wirkungen sind sie den Mikroben verwandt, und ihr Hauptmerkmal ist, dafs sie in geringer und unveränderlicher Menge auf gröfsere Massen umzuwandelnder Substanzen einwirken.

Nach Berthelot spielt auch bei der Spaltung des Rohrzuckers in zwei Zuckerarten ein Ferment eine Rolle; dieses neutrale, stickstoffhaltige Agens, das sich in der Zuckerrübe findet, wird auch von der Hefe ausgeschieden. Es ist immer in kleineren oder gröfseren Mengen im Hefewaschwasser enthalten.

Die Inversionskraft der Hefezellen scheint eng an die Durchlässigkeit ihrer Membranen für Eiweifssubstanzen gebunden zu sein. Aus den Arbeiten von Fischer und Thierfelder ergibt sich, dafs die Fähigkeit einiger Hefen, eine bestimmte Zuckerart zu vergären, darauf beruht, dafs diese Hefe das Ferment ausscheiden kann, welches den in Betracht kommenden Zucker zu hydrolysieren vermag.

So sind die Apiculatushefe und die Hefe Roux, welche keine Sukrase ausscheiden, nicht im stande, Saccharose zu vergären.

Eine in Berlin beobachtete Saazer Hefe kann Maltose vergären, bleibt aber ohne Einwirkung auf Dextrin.

Gewisse Hefen bilden sehr reichlich Fermente, deren Diffussion nach aufsen stark mit der (aëroben oder anaëroben) Lebensweise der Hefe schwankt (A. Fernbach).

Viele Hefen bilden:

1. Sukrase, welche den Rohrzucker invertiert.
2. Glykase, welche die Maltose spaltet (Bourquelots Maltase).

Andere scheiden Laktase ab, mit deren Hilfe sie Milchzucker vergären können.

Wieder andere bilden die Melibiase, welche Melibiose in Glykose
und Galaktose verwandelt. Dieses Ferment soll von Oberhefen nicht
ausgeschieden werden und so zu ihrer Trennung von untergärigen
Bierhefen dienen können.

Hierher gehört auch die Thatsache, dafs bestimmte Mikroorganismen Kandiszucker ohne vorhergehende Inversion vergären,
z. B. Monilia candida (Hansen).

Kapitel II.

Einfluſs physikalischer, chemischer und antiseptischer Agentien.

Die in diesem Kapitel niedergelegten Untersuchungen sind im allgemeinen mit Industriehefen angestellt worden, und es ist sehr wahrscheinlich, daſs reingezüchtete Hefen andere Resultate ergeben hätten. Wir bringen übrigens überall, wo es möglich ist, die mit reinen Hefen gewonnenen Ergebnisse.

Einflüsse physikalischer Natur. *Wärme.* — Die Einwirkung der Wärme wechselt, je nachdem die Hefe sich in feuchtem oder trockenem, im vegetativen oder im Sporenzustande befindet.

Feuchte Hefe stirbt zwischen 50 und 60° ab; durch Erhitzung von 5 Minuten in ausgezogenen Röhren gehen viele bei 50°, andere bei 55°, einige wenige bei 60° zu Grunde; die Sporen widerstehen im allgemeinen einer um 5° höheren Temperatur.

In trockenem Zustande ertragen gewisse Hefen, ohne zu sterben, eine Erhitzung von 5 Minuten im Luftzug auf 100, 110 und 120°; die Sporen einer englischen Hefe widerstanden bis 120°, während die Hefe selbst gegen 115° starb.

Kälte. — Nach den Erfahrungen von Cagniard-Latour, Pictet und Yung konnte Hefe sehr intensiver Kälte widerstehen, und zwar 204 Stunden lang bei — 130°. Unter dem Mikroskop treten keinerlei Veränderungen hervor, oft aber werden die physiologischen Funktionen etwas beeinfluſst.

Licht, Elektrizität. — Beide scheinen nur wenig Einfluſs auszuüben, immerhin verläuft die Gärung im Dunkeln, wie es scheint, etwas langsamer.

Martinand hat einige Untersuchungen über die Wirkung des Sonnenlichts angestellt und dabei gefunden, dafs Hefe bei einer Temperatur von 40 bis 45° durch vierstündige Insolation zu Grunde gehen kann. Der gleiche Erfolg tritt nach drei Tagen bei 36° ein. Werden die Hefen dagegen vor Licht geschützt, so widerstehen sie sehr lange eben dieser Temperatur von 36 bis 40°. Das Sonnenlicht scheint also manchmal energisch auf die Lebensfähigkeit der Hefe zu wirken, eine Thatsache, welche für die Weinbereitung eine gewisse Bedeutung besitzt.

Druck. — Regnard unterwarf Hefe während einer Stunde einem Druck von 1000 Atmosphären, ohne damit ihre Lebensfähigkeit zu beeinträchtigen. Melsens ist sogar ohne den geringsten Erfolg bis auf einen Druck von über 8000 Atmosphären gegangen.

Einflüsse chemischer Natur. *Wasser.* — Das Wasser ist für das Leben der Hefe unbedingt notwendig, und dieselbe enthält davon im allgemeinen 72%; selbst in konzentrierten Flüssigkeiten sinkt ihr Gehalt an Wasser nie unter 25%.

Erhitzen, Behandlung mit Alkohol, sehr konzentrierte Zucker- oder Salzlösungen vermindern diesen Gehalt und bewirken eine Zusammenziehung des Protoplasmas, das sich von der Zellmembran zurückzieht. Wenn der Gehalt an Wasser nur noch 13% beträgt, so geht die Hefe zu Grunde.

Gase. — Dumas brachte Hefe mit verschiedenen Gasen (Sauerstoff, Stickstoff, Kohlenoxyd, Wasserstoff, Stickstoffoxydul, Grubengas) in Berührung, konnte aber keinen Unterschied in der Gärung zwischen der behandelten und der nicht behandelten Hefe beobachten. Immerhin schien die mit Stickstoffoxydul behandelte Hefe eine etwas lebhaftere Gärung hervorzurufen. Cyanwasserstoffsäure in einer Gabe von 18 mg auf 5 g Hefe hebt die Lebensthätigkeit der letzteren auf.

Metalloïde. — Bei Gegenwart von Schwefel entwickelt sich Schwefelwasserstoff. Chlor tötet die Hefe schon in sehr schwacher Gabe.

Anorganische Säuren. — Die Hefe reagiert im allgemeinen sauer; mit Kalkwasser kann man sie nur vorübergehend neutralisieren, wenn man nicht grofse Mengen in Anwendung bringt.

Das Säurevermögen frischer Hefe, welche man auf mehreren Doppellagen Filtrierpapier bis auf einen Gehalt von etwa 20% Trockensubstanz eintrocknen läfst, kommt ungefähr 25 bis 30 Zehntausendstel ihres Gewichts Schwefelsäuremonohydrat gleich.

Einzelne Hefen sind besonders widerstandsfähig gegen Säuren, und zwar gerade diejenigen, welche selbst mehr Säure erzeugen, z. B. Schizosaccharomyces Pombe, welcher dreimal mehr Säure produziert als Hefe Frohberg.

Kohlensäure. — Diese Säure soll antiseptisch wirken und so die Gärung beeinträchtigen; doch ist diese Wirkung zweifellos schwach. Indem sie während der Gärung aufsteigt, reiſst sie die Hefezellen mit sich und bringt sie so in Berührung mit der Luft, wirkt also fördernd auf ihre Entwicklung.

Schweflige Säure. — Infolge ihrer Verwendung bei der Bereitung weiſser Weine ist dieselbe Gegenstand vieler Untersuchungen gewesen.

Die tödliche Gabe schwankt je nach der chemischen Zusammensetzung der Nährflüssigkeit, dem Zustand und dem Alter der Hefe, der Temperatur, dem Druck, der Schichtendicke des Nährbodens, dem Grade der Verarbeitung, der Dauer der Einwirkung etc.

Linossier fand, daſs eine Lösung von einem Fünftel ihres Volumens schwefliger Säure alle Hefen nach Verlauf einer Viertelstunde tötet. Die toxische Gabe wechselt je nach der Dauer der Einwirkung und der Heferasse. Die Anwesenheit von anorganischen Säuren steigert schon in geringen Mengen die Giftigkeit der schwefligen Säure bedeutend.

Die folgende Tabelle bringt Linossiers Ergebnisse:

In einer Lösung von:

1,25 g pro Liter stirbt die Hefe nach: einer Viertelstunde;
0,27 »   »   »   »   »   »   »   einer Stunde;
0,108 »   »   »   »   »   »   »   24 Stunden:
0,054 »   »   »   »   »   »   »   mehreren Tagen.

Gewisse Hefearten sind widerstandsfähiger als andere, so daſs man schweflige Säuren auch zur Trennung von Hefearten verwendet hat (R. Wischin).

Borsäure. — Die Gärung wird durch Gaben von Borsäure zwischen 0,9 und 1% gehemmt; verlangsamt wird sie durch Gaben von 0,7 bis 0,8%. Eine Gabe von 0,2% ist ohne Wirkung.

Läſst man Hefe während einiger Stunden in Berührung mit 1, 2 bis 3%igen Lösungen der genannten Säure, so tritt die Gärung später ein als sonst. Die Verzögerung steht im Verhältnis zur Dauer der Einwirkung und der Gröſse der Dosis.

Nach Wille sind die wilden Hefen widerstandsfähiger gegen Borsäure.

Andere Mineralsäuren. — Phosphorsäure, Schwefelsäure, Salpetersäure, arsenige Säure u. s. w.

In schwachen Dosen bleiben alle diese Säuren ohne Einfluſs auf die Gärung.

Nach Hayduck kann Hefe ohne Nachteil 1,3% Phosphorsäure und 0,5% Schwefelsäure vertragen.

Flufssäure und Fluoride. — Die Einführung dieser Körper hat im allgemeinen lebhaftere Gärthätigkeit zur Folge und scheint überhaupt der Hefe neue Eigenschaften zu verleihen (Arbeiten von Sorel und Effront).

Effront untersuchte die Einwirkung der Fluoride auf Bierhefen und fand, dafs man durch Kultur derselben in Würze mit 200 bis 300 mg Fluorid merklich ihre Vermehrungsfähigkeit herabsetzt. Durch Gewöhnnng der Bier- oder Brennereihefen an steigende Dosen von Fluoriden kann das Gärvermögen bedeutend erhöht werden.

Starke Dosen vermindern also wesentlich die Lebhaftigkeit der Fortpflanzung, und die Hefe wird um so gärkräftiger, je gröfser die aseptische Kraft des ersten Nährmediums war. Natriumfluorid in Gabe von $\frac{1}{100}$ hebt die Gärung auf.

Flufssäure sowohl als Fluoride müssen auf verschiedene Hefen sehr verschieden wirken. Es mufs für die letzteren Optimaldosen geben, welche einem Maximum von Gärkraft entsprechen, und es läfst sich voraussehen, dafs man eine Hefe auf Kosten einer anderen begünstigen und der Entartung einer bestimmten Rasse entgegentreten kann.

Wir haben uns weiter oben den Einflufs dieser Säure auf die Gärprodukte vor Augen geführt (Effront). Jetzt schon spielt die Flufssäure in der Brennerei die Rolle eines Beschützers gegen unerwünschte Gärungserreger.

Salze. — Dumas liefs 1 g Hefe drei Tage lang in Berührung mit 30 bis 40 g gesättigter Salzlösungen. Nach Ablauf dieses Zeitraumes ersetzte er die Salzlösung durch Zuckerlösung und verfolgte den Lauf der Gärung.

Er konnte die Salze in vier Gruppen teilen:

1. Solche, welche die Gärung günstig beeinflussen, z. B.: Kaliumphosphat, Kaliumsulfat, Kaliumchlorür, Ammoniumphosphat, Calciumphosphat u. s. w.
2. Salze, welche die Gärung verlangsamen, z. B.: Kaliumnitrat, arseniksaures Kalium, Kaliumjodür, Borax u. s. w.
3. Salze, welche die Inversion mehr oder minder begünstigen, ohne auf die Gärung selbst einen Einflufs zu haben, z. B.: Salpetrigsaures Kalium, Kaliumchromat, Salmiak u. s. w.
4. Salze, welche weder Inversion noch Gärung beeinflussen, z. B.: Essigsaures Kalium, Natriummonosulfid u. s. w.

Wir lassen aufserdem die mit einigen besonders genau untersuchten Salzen gewonnenen Resultate folgen: Homeyer fand, dafs eine Gabe von 0,1 bis 0,5% kieselfluorwasserstoffsaures Calcium oder eines

borkieselfluorwasserstoffsauren Salzes die Gärung während mehrerer
Wochen zum Stehen bringt. Kieselsaures Natrium wirkt vollkommen
hemmend in einer Dose von 1 bis 2%. Calciumsulfat dagegen scheint
anregend zu wirken.

Basen und alkalische Carbonate. — Sie hemmen die Gärung nur
in starken Gaben, vermutlich derart, daſs sie die Wirkung der Sukrase
und anderer Diastasen beeinträchtigen,

Organische Säuren. — Nach Neales Arbeiten bleibt die Gärung
stehen durch Lösungen von 0,2% Ameisensäure, 0,5% Essigsäure,
0,15% Propionsäure, 0,05% Buttersäure. Lafar zeigte, daſs gewisse
Hefen noch sehr lebhaft bei 1% Essigsäure gären.

Nach Laurent wird die Vermehrung nicht im geringsten beein-
trächtigt durch 1% Glykolsäure, Milchsäure, Bernsteinsäure, Äpfelsäure,
Weinsäure, Citronensäure; diese Gaben können nach meinen Erfahrungen auch überschritten werden. So lange dieselben nicht zu
groſs werden, beobachtet man oft eine Steigerung der Leistungsfähig-
keit der Hefe.

Milchsäure wird leicht in einer Gabe von 2% ertragen, ohne zu
einschneidenden Veränderungen Anlaſs zu geben, wie die folgende
Tabelle zeigt:

**Gärung von Malzkeimabsud mit 164,3 g Glykose pro Liter,
mit verschiedenen Gaben von Milchsäure.**

Hefe	Neutrale Nährlösung	Bleibender Zucker pro Liter			
		A 0,8% Milch- säure	B 1,2% Milch- säure	C 1,6% Milch- säure	D 2% Milch- säure
K	22,6	23,8	24,9	25,3	25,6
A	21,5	24,5	25,3	26,1	38,4

Ferner ergibt sich aus dieser Tabelle, daſs die Rasse der Hefe
auch hier von Einfluſs ist.

Oxalsäure hält im allgemeinen die Gärung auf; ein geringer
Gehalt an Salicylsäure dagegen scheint eher die Gärthätigkeit der Hefe
zu steigern (Heinzelmann).

Eigentliche Antiseptica. — Die Antiseptica können sich in ihren
Beziehungen zur alkoholischen Gärung sehr verschieden verhalten.
Ihre Wirkung steht im Zusammenhang mit ihrer Natur, der Verdünnung,
in welcher sie zur Anwendung kommen, mit der Hefenmenge, auf
welche sie einwirken, dem Alter der Hefe, der Zusammensetzung des
Nährbodens, der Temperatur, der Zeitdauer etc. Es spielen also eine
Menge Faktoren hier mit, so daſs die Resultate nur relativen Wert
besitzen.

Nach Biernacki können verschiedene Antiseptica in bestimmten
Gaben die alkoholische Gärung beschleunigen, so z. B. Sublimat
oder auch schweflige Säure, Flufssäure u. s. w. Man kann auch
eine auf einer Chloroformschicht ruhende Zuckerlösung zur Gärung
bringen.

Diese Eigenschaft, in geringen Dosen die Gärung zu beschleunigen, ist übrigens fast allen Antisepticis gemein. Die Dosen selbst
schwanken übrigens je nach dem betreffenden Körper (sie sind äufserst
gering z. B. für Chlor).

Die organischen Antiseptica wirken weniger energisch als die
anorganischen. Die gärungshemmende Wirkung der organischen Körper
scheint mit ihrem Reichtum an Kohlenstoff zu steigen.

Die Menge der gärungshemmenden Substanz spielt eine geringere
Rolle als ihr Verhältnis zur Anzahl lebender, ihrem Einflufs unter-
liegender Hefezellen.

Zwei Methoden stehen uns für die Untersuchung dieser Frage
zur Verfügung.

Erste Methode. — Man beschickt Nährmaterial von konstanter
Zusammensetzung, welchem das zu untersuchende Antisepticum[1] bei-
gefügt ist, mit Hefezellen in verschiedener Anzahl und läfst dieselben
während der gleichen Zeit und unter gleichen Bedingungen sich entwickeln. Ist die Wirkung der Antisepticums unabhängig von der
Zahl der Zellen, so wird der Endertrag an Zellen proportional der
Anfangszahl sein. Steigt die antiseptische Wirkung mit abnehmender
Zahl von Hefezellen, so wird die Entwicklung besonders langsam
in dem Kolben sein, welche nur eine geringe Einsaat erhalten haben.
Die Verhältniszahlen werden am Schlusse der Kultur gröfser sein,
wenn man die schwach beschickten Kolben mit den stark besäten
zusammenhält.

Es bleibt nun nur noch übrig, die Zellen zu zählen, was entweder
auf Gelatine oder mit der Zählkammer geschieht, und dann die Zahlen
mit einander zu vergleichen.

Zweite Methode. — Man bringt verschiedene Zahlen von Hefezellen in gleiche Mengen einer antiseptischen Flüssigkeit, welche so
gewählt ist, dafs sie nicht im stande ist, alle eingeführten Zellen
zu töten.

----

[1] Die Dose des Antisepticums mufs grofs genug sein, um der Hefe lästig
zu werden, ohne die Entwicklung der Hefe aufzuhalten.

Auch darf der am reichlichsten beschickte Kolben nicht so viele Zellen
enthalten, dafs sie sich gegenseitig stören; ein Vorversuch wird hierfür die nötigen
Anhaltspunkte liefern.

Die zu Anfang am schwächsten infizierten Kolben werden es auch bleiben, oder aber es wird sich ein allgemeines Zurückbleiben bemerkbar machen fortschreitend von der schwächsten Einsaatdose zur stärksten. Mann beobachtete, daſs für gewisse Metallsalze die zur Tötung der Hefe nötige Menge Antisepticum mit dem Gewicht der Hefe steigt, daſs dagegen für andere, unter welchen die Blei-, Eisen-, Kupfer- und andere Salze zu nennen sind, die Mengen mit der Konzentration der Flüssigkeit und der Dauer der Einwirkung schwanken.

Alkohol. — Dieser Körper wird erst schädlich von einer Gabe von 10 bis 12 % an, die übrigens auch je nach der Heferasse schwankt.

Regnard hat untersucht, welche Minimaldosen von verschiedenen Alkoholen auf die alkoholische Gärung hemmend wirkten und dabei gefunden, daſs eine Lösung von 2 g Traubenzucker in 250 g Wasser nicht gärte bei Gegenwart von 2 % Methylalkohol, 15 % Aethylalkohol, 10 % Propylalkohol, 2,5 % Butylalkohol, 1 % Amylalkohol, 0,2 % Hexylalkohol und 0,1 % Octylalkohol. Die Alkohole scheinen also um so giftiger zu sein, je mehr C sie enthalten. Bestimmte Weinhefen haben uns in einem Most von Honig mit Mineralsubstanzen bis 16,5 % Aethylalkohol gegeben.

Chloroform. — Wässerige gesättigte Chloroformlösung hebt die Thätigkeit alter Hefen auf, wirkt aber auf junge Hefen nur verlangsamend.

Duclaux beobachtete Gärung in Zuckerlösungen, welche 1 % Chloroform enthielten.

Salkowski fand, daſs Hefe, welche bei 15 ° in chloroformhaltiges Wasser gebracht wurde, Zucker, Leucin und Tyrosin erzeugte; diese Erscheinung trat nicht auf, wenn die Hefe durch Sterilisieren getötet wurde.

Sublimat. — Sehr schwache Dosen (von 1 auf 500 000 oder 1 auf 700 000) steigern die Thätigkeit der Hefe während einiger Zeit.

Andere Antiseptica. — Hefe wird getötet durch die folgenden Gaben von: Chloralhydrat 1 auf 60, Benzol 1 auf 200, Toluol 1 auf 300, Xylol 1 auf 300, Kupfersulfat 1 auf 600.

Alkaloïde. — Chinin verlangsamt erst und hemmt späterhin die Thätigkeit der Hefe, während Nikotin in neutraler Lösung sie steigert. Kreatin wirkt hemmend und Strychnin steigert erst die Thätigkeit der Hefe, später setzt sie dieselbe herab.

Abnahme der Gärungsenergie unter dem Einfluſs der Antiseptica. — Einige Zahlen, welche Will gewonnen hat, mögen im folgenden genügen.

Abnahme der Gäruugsenergie unter dem Einfluſs der Antiseptica.

Antiseptica	Con-centration	Gärvermögen		
		im Anfang	nach Einwirkung von	
			1 Minute	5 Minuten
Eisensulfat	10 %	83	70	42,3
Borsäure	7 %	64,6	»	52,0
Borax	5 %	46,9	»	32,6
Salicylsäure	5 %	40,6	»	0
Oxalsäure	10 %	79,1	13,8	0

Kapitel III.

Die Hefefabrikation.

Fabrikation der Preſshefe. — Die für die Kultur der Hefe bestimmte Würze wird aus Malz allein oder aus Malz mit Roggen und Mais hergestellt. Das für die Anstellhefe verwandte Material wird geschrotet und mit heiſsem Wasser vermengt, so daſs die Mischung auf einer Temperatur von etwa 64° steht. Die Bildung von Klumpen wird durch kräftiges Verrühren verhindert. Die Mischung bleibt ein bis zwei Stunden bei 62° stehen. Die Würze überläſst man dann einige Stunden bei etwa 50° in geschlossenen Behältern sich selbst, mischt dann von neuem und läſst wieder stehen, bis dieselbe einen passenden Säuregrad erreicht. Nach Abkühlen auf 17° wird die Stammhefe eingeführt, und man läſst darauf ungefähr 20 Stunden gären; ⁹/₁₀ dieser Maische (etwa 1 kg Hefe auf 100 kg Rohmaterial) dienen zur Einsaat in den groſsen Bottich mit der Hauptmaische, deren Zuzammensetzung in den verschiedenen Ländern verschieden ist:

Land	Malz	Roggen	Mais
Deutschland	27	37	35
»	25	50	20
Amerika	10	40	50
Österreich	30	40	30
Frankreich	33	33	33
Ungarn	30	30	40

Die Temperatur steigt hier auf 23 bis 25°.

Das Hefegut ist sehr konzentriert (24 bis 26° Balling); die Hauptmaische ist sehr dünn, das Verhältnis zwischen Trockensubstanz und Wasser oft von 1 zu 5.

Die Vermehrung der Hefe hängt von verschiedenen Faktoren ab:
von dem Gehalt der Würze an Zucker und Stickstoff, von der Anzahl
der Hefezellen in der Einsaat, von dem Stickstoffgehalt der Hefe, dem
Säuregehalt des Mostes, der Lüftung u. s. w.

Früher gewann man 9, 10, 12 kg Hefe auf 100 kg Malz; heute
kann der Ertrag dank rationeller Lüftung[1]), bis auf 20 bis 25 % steigen.
Die Hefe wird dann gepreſst und oft mit Stärkemehl in sehr schwankenden Verhältnissen vermengt (Fig. 20).

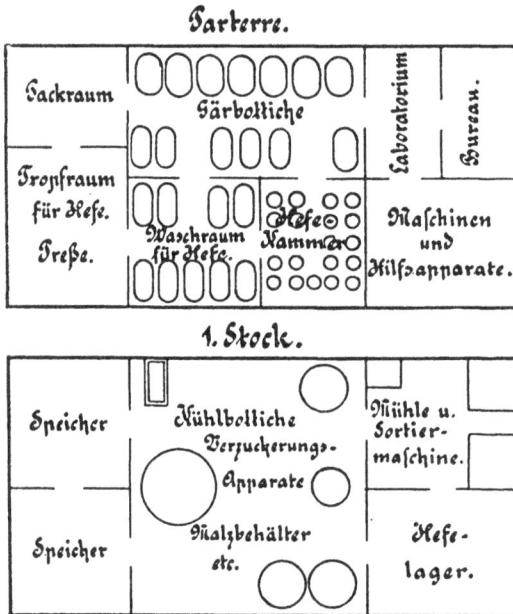

Fig. 20. — Plan einer Hefefabrik.

Der Brauer erntet
8 bis 15 mal das Gewicht
der in den Bottich eingesäten Hefe.

Industrielle Begutachtung einer Hefe. —
Wir führen nur die beiden
verbreitesten Methoden
an, die von Hayduck
und von Meiſsl. Beide
beruhen auf dem Prinzip,
daſs eine Hefe um so
energischer ist, je mehr
Kohlensäure sie, bei sonst
gleichen Verhältnissen,
auf die gleiche Menge zersetzten Zuckers erzeugt.

Meiſslsche Methode. —
Man löst in 50 ccm gewöhnlichem Wasser oder
einer Gipslösung 4,5 g

des folgenden Gemisches: 400 g Kandiszucker, 25 g Ammoniumphosphat und 25 g Kaliumphosphat. Diese Lösung bringt man in
einen Kolben für Kohlensäurebestimmung und beschickt denselben
darauf mit 1 g der vorliegenden Hefe, mischt gut und wiegt. Darauf
läſst man 6 Stunden lang bei 30° gären, jagt dann Luft durch zur
Vertreibung der Kohlensäure, kühlt rasch ab und wiegt von neuem: aus
dem Gewichtsunterschied können wir dann auf den Wert der Hefe
schlieſsen.

Meiſsl nennt Normalhefe eine solche, welche unter den angeführten Bedingungen 1,75 g Kohlensäure entwickelt und ihm als

_____

[1]) Bei klarer Würze.

Einheitswert 100 ergibt. Liefert die untersuchte Hefe z. B. nur 1,30, so erhalten wir:

$$\frac{1,75}{1,30} = \frac{100}{x}; \; x = 74,28 \, \%$$

Hayducksche Methode. — Dieselbe besteht darin, eine 10 prozentige, mit Mineralsalzen versehene Zuckerlösung mit 10 g Hefe im Wasserbad bei 30° gären zu lassen; die Kohlensäure wird aufgefangen und volumetrisch bestimmt. Die während einer halben Stunde entwickelte Menge dient als Ausgangswert; alle Zahlen beziehen sich auf die von 100 g Hefe in einer halben Stunde zersetzte Zuckermenge.

Behandlung der Hefe. — Die Hefe des Handels ist gewöhnlich mit verschiedenen Hefen und Bakterien verunreinigt, welche sie schnell verderben würden.

Um die Hefe zu reinigen, wendet man Waschverfahren durch wiederholtes Dekantieren oder mechanische Trennungsverfahren an. Der Brauer verwirft beispielsweise die oberste sowie die unterste Schicht und behält nur die mittlere Hefeschicht.

Der Prefshefefabrikant behandelt sie durch wiederholte Waschungen und bringt sie endlich in die Presse. Die Prefshefe wird dem Hande. in Stücken von allen Gröfsen geliefert; je nach der Jahreszeit hält sie sich längere oder kürzere Zeit.

Konservierung der Hefe. — Die Hefe soll manchmal von einem Jahr zum anderen aufbewahrt werden. Die Dauer ihrer Haltbarkeit hängt von ihrer Reinheit resp. vom Grade ihrer Infektion mit Bakterien und davon ab, wie oft sie verarbeitet worden ist.

Manchmal bedient man sich der Kälte; wenn dieselbe aber ein gewifses Mafs überschreitet, so kann sie der Energie und der Vermehrung der Hefe in industrieller Beziehung sehr schädlich werden.

Solange die Hefe rein ist und vor Infektion bewahrt wird, kann sie leicht die gröfsten Temperaturschwankungen ohne Verlust ihres Fortpflanzungsvermögens ertragen.

Duclaux fand Hefen, mit welchen Pasteur 15 Jahre früher bei seinen Untersuchungen über das Bier gearbeitet hatte, noch am Leben.

Hansen hat nachgewiesen, dafs 10 procentige Saccharoselösung ein sehr günstiges Aufbewahrungsmittel für Hefen bildet, welche sich darin ihre spezifischen Eigenschaften erhalten.

Für die Hefe des Handels liegt die Sache aber anders.

Eine der ältesten gebräuchlichen Methoden, welche wir bereits weiter oben angedeutet haben, besteht darin, sie durch Behandlung mit der Filterpresse in Formen zu bringen; sie behält so 70 bis 80 % Wasser und kann drei bis fünf Tage lang frisch gehalten werden. Mehr oder weniger schnell aber fängt die Hefe an warm zu werden, sie zerbröckelt, wird weich und klebrig, verflüssigt sich und wird von Bakterien durchwachsen, welche sie schnell der Auflösung entgegenführen.

Die Hefe kann sowohl feucht als trocken aufbewahrt werden.

Aufbewahrung in feuchtem Zustande. — Zu diesem Zweck muß der Hefe unter der Presse jede Spur der vergorenen Flüssigkeit entzogen werden, welche Fäulnis begünstigen könnte. Um jede Zersetzung möglichst zu vermeiden, fügt man Antiseptica zum Waschwasser, Salicylsäure in Gabe von 20 g auf den Liter, Flußsäure und Fluoride (Effront); andere versetzen das Waschwasser mit Alkohol zu 25 %, Glycerin, Hopfen, konzentrierten Zuckerlösungen u. s. w.

Ganz kürzlich hat man die Verwendung von Würze empfohlen, welche sterilisiert und mit 5 bis 15 % Gelatine versetzt wird; das Ganze wird in sterile Gefäße über die reine Hefe gegossen.

Diese verschiedenen Methoden können von großem Wert sein, wenn es sich darum handelt, Hefe bloß einige Wochen oder nötigenfalls einige Monate lang aufzubewahren, wobei dieselbe an möglichst kühlen Orten gehalten werden muß.

Aufbewahrung in trockenem Zustand. — Will man Hefe längere Zeit aufbewahren oder sie auf große Entfernungen verschicken, so sind hierzu besondere Vorkehrungen notwendig. Wir haben weiter oben schon gesehen (I. Teil, Kap. II), daß die Lebensfähigkeit der Hefen in trockenem Zustande viel höher ist, als in feuchtem; es wird also zweckmäßiger sein, die Hefe auszutrocknen.

Schon Balling vermengte Hefe mit Mehl und Tierschwarz und trocknete das Gemisch langsam im Schatten. Im folgenden geben wir einige der verbreiteten Verfahren.

Verfahren nach Hansen. — Dies Verfahren findet seine Anwendung nur bei kleinen Hefeproben; es besteht darin, daß man einen Tropfen Hefe zwischen doppelte Lagen sterilisierten Filtrierpapiers bringt.

Verfahren nach Reinke. — Die sorgfältig gewaschene Hefe wird stark gepreßt und darauf in doppelte Lagen sterilisierten Fließpapiers gewickelt. Das Ganze wird darauf zwischen Asbestblättern ausgerollt, nachdem diese letzteren vorher sterilisiert und gut ausgetrocknet worden sind, um die Feuchtigkeit besser zu absorbieren. Die letzten Spuren von Feuchtigkeit bringt man fort, indem man die Hefepäckchen auf Gipsplatten stellt; die Hefe wird darauf in verlötete Weißblechbüchsen verpackt.

Verfahren nach Kieselwalter. — Die gut gewaschene, gepreßte Hefe wird einige Stunden lang mit Alkohol behandelt und dann von neuem gepreßt. Darauf setzt man sie auf einer geneigten Leinwand der Wirkung eines trockenen Luftzuges aus. Das erhaltene Pulver wird in hermetisch verschlossenen Flaschen verwahrt.

Verfahren, welche auf dem Absorptionsvermögen verschiedener Substanzen beruhen. — Man hat versucht, die gepreßte Hefe mit Substanzen zu vermengen, welche mit ihr ein Pulver geben können, das darauf bei niederer Temperatur getrocknet wird. Man hat dafür Hopfen, Tierschwarz (**Balling**), Gips (**Pasteur**), Reismehl, Maismehl, Stärkemehl u. s. w. in Anwendung gebracht. Manchmal braucht die Hefe einige Zeit, bis sie ihre ursprünglichen Eigenschaften wieder erlangt, und die Infektionsgefahr ist ziemlich groß.

Um diese Nachteile zu umgehen, hat ganz kürzlich **Héron** die Mischung der Hefe mit einem vergärbaren Körper empfohlen, welcher mit ihr eine harte kompakte Masse bilden kann und sie so leichter befähigt, schnelle Gärung hervorzurufen.

Versand von Hefen. — Der Versand der Hefen soll immer in hermetisch geschlossenen Gefässen geschehen, um jede Infektion durch den Staub der Luft zu verhindern. Für große Mengen verwendet man Flaschen und gelötete Büchsen, welche in Eis und Sägmehl verpackt werden. Für kleine Mengen, besonders wenn es sich um Reinhefen handelt, braucht man sterilisiertes Papier, mit steriler Baumwolle gefüllte und versiegelte Chamberlandkolben oder endlich Glasröhren, welche an beiden Enden zugeschmolzen sind.

Vermehrung der Reinhefe. — Die Darstellung einer Hefe aus einer einzigen Zelle ist eine Laboratoriumsarbeit, die große Sorgfalt verlangt; in der Praxis scheint die Aufgabe noch schwieriger, ist aber in Wirklichkeit einfacher. Es ist verhältnismäßig leicht, von einer winzigen Menge reinen Saatmaterials auszugehen und dieselbe zu vermehren, um damit einen Gärbottich für Wein oder Bier anzustellen. Dazu braucht man größere Mengen, welche man mit Hilfe eines Vermehrungsapparates züchtet. Oft genügt es mit sehr geringem Saatmaterial zu beginnen und dasselbe mit steriler Würze zu einem stärkeren Bodensatz heranzuzüchten. Aber oft braucht man größere Mengen und muß dann zum Reinzuchtapparat seine Zuflucht nehmen.

Diese Apparate müssen verschiedene Bedingungen erfüllen; sie müssen kontinuierlich sein, was den großen Vorteil hat, daß man den Apparat nur sehr selten mit neuem Saatmaterial zu beschicken braucht und so Infektion vermeidet. Weiter muß er leicht zu sterilisieren und bequem und einfach zu handhaben sein.

Wir geben im folgenden nur die bekanntesten.

Reinzuchtapparat Hansen-Kühle. — Dieser Apparat ist, der Zeit nach, der erste, welcher kontinuierlich eine für Industriezwecke genügende Hefemenge erzeugte. Er besteht aus einem Behälter, in

welchem eine Luftpumpe die Luft auf vier Atmosphären komprimiert,
einem Würzebehälter und einem Gärbottich. Eine Reihe von Neben-
vorrichtungen, welche aus der Zeichnung zu ersehen sind, vervoll-
ständigen das Ganze (Fig. 21). In den Gärbottich z. B. sind Röhren

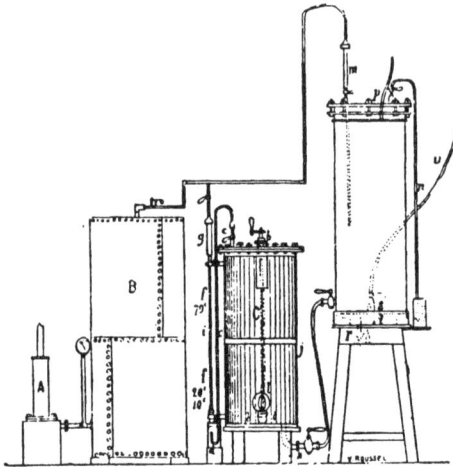

Fig. 21.

mit Hähnen eingelassen, welche
zur Einleitung von Würze, zur
Entnahme der Hefe und des
Bieres und zur Entfernung der
Kohlensäure dienen. Die Luft
tritt durch sterilisierte Baumwollfilter in den Apparat ein.

Der Würzecylinder ist
gleichfalls mit einem Baumwollfilter, einem Rohr für die
Einführung der Würze etc.
versehen. Die Sterilisation des
Gärcylinders wie des Würze-
behälters findet durch strömen-
den Dampf statt.

Apparat von Jörgensen und Bergh. — Dieser Apparat ist eine
Modifikation des vorigen. Er besteht aus einer Pumpe, welche die
Luft von aufsen durch ein Filter saugt und in einem Behälter kom-

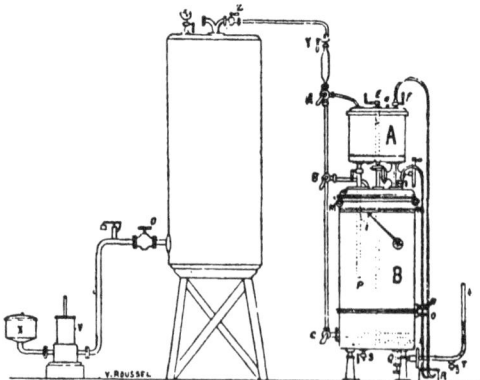

Fig. 22.

primiert. Dieser letztere ist
mit Manometer und Sicher-
heitsventil versehen und
steht mit dem eigentlichen
Hefepropagierungsapparat
durch ein zweites Filter in
Verbindung (Fig. 22). Dieser
letztere baut sich aus zwei
übereinander angebrachten
Cylindern von ungleichem
Inhalt, welche durch eine
Röhre mit einander verbunden sind, auf. Beide besitzen

einen Rührapparat sowie Röhren mit Filtern für den Eintritt der Luft,
gebogene in Wasser eintauchende Röhren für den Austritt der Kohlensäure, andere endlich zum Entleeren des Apparates sowie zur Einführung der Würze, zur Entfernung von Kondensationswasser u. s. w.

Beide Apparate verlangen bei hohem Preis eine sorgsame Behandlung und ständige Überwachung. Dazu kommen Unterhaltung
und Reparaturen.

Apparat von Lindner. — Dieser Apparat ist nicht kontinuierlich, hat aber den grofsen Vorteil, sehr einfach zu sein. Er besteht aus einem Kupfercylinder, der gleichzeitig als Würzebehälter und Gärbottich dient, einem Metallbehälter, einer Waschflasche und einer Wasserluftpumpe, welche einen Luftstrom durch das Ganze saugt.

Diese verschiedenen Teile können untereinander mit Hilfe von Glasröhren und Gummischläuchen verbunden werden (Fig. 23). Der sorgfältig gereinigte Cylinder wird mit 50 l kochender Würze beschickt, welche

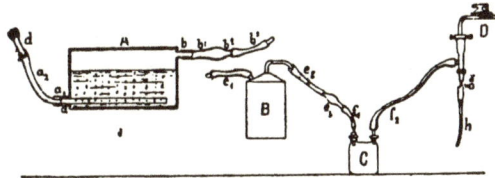

Fig. 23.

durch einen unter dem Cylinder angebrachten Gasbrenner wieder zum Kochen gebracht wird. Darauf wird der Baumwollfilter aufgesetzt; das Gas wird ausgemacht und der Cylinder um 180° um seine Achse gedreht. Nach erneutem Aufkochen von einigen Minuten lüftet man die Würze, während sie sich abkühlt. Die Hefe wird mit Hilfe des Metallbehälters unter allen für solche Manipulationen nötigen Vorsichtsmafsregeln eingeführt und dann vermittelst der Luftpumpe von neuem Luft durchgesaugt. Der Cylinder wird wieder 180° um seine Achse zurückgedreht, um das Lüftungsrohr wieder nach oben zu bringen.

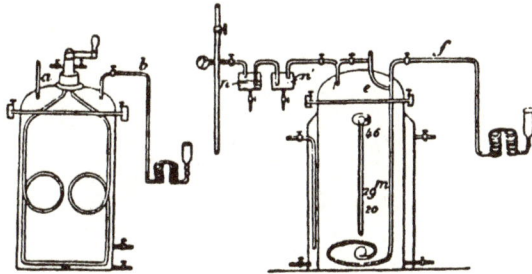

Fig. 24.

Nach Beendigung der Gärung zieht man das Bier ab und entnimmt die Hefe mit Wasser oder steriler Würze.

Das Aufkochen der Würze kann auch durch Dampf geschehen.

Apparat von L. Marx. — Dieser Apparat wird aus zwei kupfernen, innen verzinnten, cylindrischen Behältern gebildet, von denen der eine die Würze aufnimmt, der andere für die Gärung bestimmt ist (Fig. 24).

Der Würzebehälter ist mit einem Bad für Dampf oder kaltes Wasser versehen; außerdem geht durch denselben ein Rohr bis auf den Grund, das in eine horizontal liegende fein durchlöcherte Spirale endigt.

Der etwas kleinere Gärcylinder trägt oben einen Wergring, der sich fest um den Schaft eines im Innern angebrachten Spiralrohrs legt. Dieses Spiralrohr versieht dreifachen Dienst: die Sterilisation des Apparates durch kochendes Wasser oder Dampf, die Regulierung der Temperatur durch Wasser und die Verteilung der Hefe in der Würze. Baumwollfilter verhindern das Eintreten unreiner Luft und eine Reihe von Rohren, welche aus der Figur zu ersehen sind, dienen zur Einführung der Würze, zum Abzapfen des Bieres, zur Einsaat der Hefe u. s. w.

Apparat von A. Fernbach. — Der Apparat besteht aus drei kupfernen, innen verzinnten, cylindrischen Behältern: dem eigentlichen Propagierungsapparat A, dem Sterilisationsapparat B und dem Hefesammelapparat C. Die Verschlüsse sind allenthalben hermetisch; der Apparat ist kontinuierlich.

Am Grunde des Propagierungsapparates liegt ein flaches Gefäß, dessen Deckel fein durchlöchert ist, und welches mit der Außenluft durch eine Röhre mit Watteverschluß in Verbindung steht. Zwei weitere Rohre sind in dies Gefäß eingelassen; das eine geht bis zum Grunde und ist für die Hefe bestimmt, das andere reicht bloß bis zu einer gewissen Höhe und ist für das Bier bestimmt. Alle diese Röhren werden durch den Deckel geschützt, welcher ein kleines Röhrchen zur Einführung der Hefe sowie eine Vorrichtung zur Berieselung der Wände mit Wasser trägt. Der Behälter ist ferner mit einem Rohr zum Messen der Flüssigkeitshöhe und einem Thermometer versehen. Der Sterilisationsapparat ist dem Propagierungsapparat ganz ähnlich. Der Hefesammler besitzt drei Röhrchen, zwei oben und eines unten (Fig. 25).

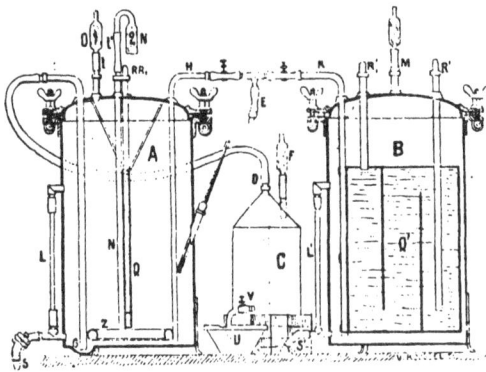

Fig. 25.

Gebrauchsweise. — Nachdem die untere Rohröffnung S am Flüssigkeitsmesser durch Gummirohr und Glasstab geschlossen worden ist, bringt man kochende Würze in die Behälter A und B. Die Deckel werden aufgesetzt und die Verschlußschrauben mit der Hand festgedreht. Darauf verbindet man die Röhren P und D resp. H und K durch Gummischläuche mit einander und versieht alle anderen Öffnungen mit Glasröhren. Nun wird Dampf durchgejagt, und in dem Augenblick, wo derselbe in kontinuierlichem Strahle aus der Öffnung F fährt, bringt man hier das sterilisierte und am unteren Ende flambierte Baumwollfilter an. Nun wird der Dampf bei D P durch einen Klemmer abgesperrt. Von a entfernt man darauf das Dampfzuleitungsrohr, setzt einen Klemmer auf den Gummischlauch bei V und bringt an dem Schlauch ein abgeschrägtes Rohr U an. Der Klemmer bei F wird weggenommen. Das Dampfrohr wird nun bei E angebracht und der Dampf in Thätigkeit gesetzt; nach einigen Augenblicken setzt man einen Klemmer auf den Gummischlauch bei der Öffnung H. Der Dampf tritt nun bei K ein und bringt allmählich den Inhalt von B ins Kochen. Wenn der Dampf in kontinuierlichem Strahl bei M herausströmt, so wartet man einige Minuten und schließt dann gleich durch einen Klemmer auch das Gummirohr K ab. Auf M wird ein Baumwollfilter unter den gleichen Vorsichtsmaßregeln wie vorhin bei F aufgesetzt. Das Dampfzuleitungsrohr bei E wird abgenommen und an seine Stelle ein Glasstab eingesetzt, der vorher in einer Spiritusflamme gut flambiert wurde. Nun wird der Dampf durch N eingeführt, und wenn er in kontinuierlichem Strome durch a herauskommt, schließt man ihn durch einen auf den Gummischlauch N aufgesetzten Klemmer ab. Auf O wird nun sofort ein Baumwollfilter aufgesetzt und bei N das Dampfzuleitungsrohr durch ein umgebogenes Baumwollfilter ersetzt. Der Klemmer des Gummischlauchs bei N wird abgenommen.

Nach Abkühlung des Apparates geschieht die Einimpfung der Hefe durch die Öffnung O. Man lüftet nun gleich während einer Stunde, indem man das Rohr O durch einen Gummischlauch mit einer Wasserluftpumpe in Verbindung setzt. Diese Maßregel kann man übrigens in regelmäßigen Zwischenräumen wiederholen. Die Stärke des Luftstromes darf nicht für alle Hefen die gleiche sein; die Erfahrung wird lehren müssen, welche Stärke für die in Frage kommende Hefe die günstigste ist und ob kontinuierliches oder unterbrochenes Lüften angebracht ist. Übrigens kann man durch Entnahme einer Probe bei S die Entwicklung kontrollieren. Sowie die Hefe sich gut abgesetzt hat, wird das Bier abgezogen. Die Hefe selbst wird vermittelst der Wasserluftpumpe in den Sammelbehälter C übergeführt und durch die Öffnung V herausgenommen.

Dieser Apparat hat bei Versuchen in unserem gärungsphysiologischen Laboratorium gute Resultate ergeben. Seine Handhabung ist sehr bequem und einfach.

Kapitel IV.

Anwendung. Ausgewählte Hefen.

Pasteur hat gezeigt, dafs man durch Einsaat einer Weinhefe in Gerstenwürze ein besonderes Bier oder besser Gerstenwein erhält, woraus der Einflufs der Hefe auf das vergorene Getränk deutlich wird.

Später hat Hansen nachgewiesen, dafs gewisse Krankheiten des Bieres auf der Entwicklung bestimmter Saccharomyceten beruhen, und dafs im allgemeinen die Hefe von Einflufs auf die Qualität des Getränkes ist.

Der Brauer hat sich zuerst ausgewählte Hefen dienstbar gemacht; erst später sind ihm darin der Weinbauer, der Apfelweinfabrikant, der Brenner gefolgt.

Um aber Getränke von guter Qualität zu erhalten, mufs die verwendete Hefe für den Most oder die Würze, worin sie wachsen soll, geeignet sein. Diese Frage kann aber jeweils nur durch viele Versuche gelöst werden. Die betreffende Rasse soll nicht nur widerstandsfähig genug sein, um die fremden Arten zu überflügeln, sondern sie soll auch das Produkt veredeln, sowohl hinsichtlich des Geschmackes und des Verkaufswertes, als auch hinsichtlich der Haltbarkeit. Manchmal vereinigt eine Rasse in sich alle Vorzüge, welche sich zu anderen Malen nur in einem Gemische finden. Andererseits ist es vorgekommen, dafs von zwei Hefen jede für sich allein ein tadelloses Produkt lieferte, während sie zusammen schlechten Geschmack erzeugten.

Brauerei. — Für den Brauer ist die Anwendung von Reinhefen sehr einfach und mufs auch die handgreiflichsten Erfolge geben. Er kann in beinahe steriler Würze arbeiten und beherrscht die Zusammensetzung der letzteren. Aufserdem kann er die Gärung nach seinem Belieben leiten; er braucht nur seine Räumlichkeiten, Werkzeuge etc.

peinlich sauber zu halten, um seine Hefe in einem verhältnismäfsig hohen Grad von Reinheit zu bewahren. So lange das Verhältnis der Krankheitshefen zur guten Hefe ein Zweiundzwanzigstel nicht überschreitet, ist keine direkte Gefahr vorhanden.

Die Wirkung der Reinhefe in der Brauerei zeigt sich in der Attenuation, dem Bruch, der Klärung, im Glanz und im Körper des Bieres, in gröfserer Haltbarkeit etc.

Bezeichnung der Hefe	Mengen pro Liter				
	Extrakt	Maltose	Dextrin	Alkohol in gr.	Attenuation
Hefe Frohberg . . .	40,37	9,32	20,93	52,72	76,5
Hefe Saaz	56,85	17,50	30,24	41,40	66,9

In dieser Tabelle springen die grofsen Unterschiede in den Produkten deutlich hervor.

Weinbereitung. — Für den Weinbauern liegt die Frage viel schwieriger; die Zusammensetzung des Mostes wechselt mit dem Jahrgang, der Lage, der Rebsorte und sogar von einer Kelter zur andern. Die folgende Tabelle zeigt uns die Vermehrung verschiedener Hefen in verschiedenen Mosten.

Zahl der Zellen auf den Kubikcentimeter Wein.

Most	Hefe J	Hefe W	Hefe A
1	61,400	44,300	116,400
17	165,800	146,000	152,600
21	44,000	47,600	114,000

Zahlreiche Versuche sind in verschiedenen Ländern gemacht worden. Die Resultate waren oft negativ, oft aber hat man auch den deutlichen Einflufs der Hefe nachweisen können, der sich teils in der Verschiedenheit der Produkte, teils durch ein besonderes Bouquet, durch schnellere Gärung und Klärung bemerkbar machte.

Wir wollen im folgenden einige mit Reinhefen angestellte Versuche näher betrachten und geben zuerst die Resultate von Perraud in Ville-franche aus dem Jahre 1891:

Bezeichnung	Alkohol	Säure	Trocken-extrakt	Farbe
Burgunderhefe I . . .	7	6,8	21	1,04
Beaujolaishefe II . . .	6,5	6,5	19,5	1.00
Kontrollwein	6,3	5,0	19,4	0,75

In dem mit Reinhefe vergorenen Weine waren deutlich alle guten Eigenschaften des Weines in Geruch und Geschmack durch die Hefe gesteigert. Die Burgunderhefe gab einen sehr samtenen, sehr feinen, bouquetreichen Wein von hohem Glanz. Die Beaujolaishefe gab körperigen und parfumreichen Wein. Der Kontrollwein war grün und schal.

Versuche aus dem Département de l'Aube vom Jahre 1892.

Bezeichnung	Mengen pro Liter			
	Extrakt	Alkohol	Gesamtsäure	Flücht. Säure $(C_2H_4O_2)$
Kontrollwein	15,20	69,5	6,95	0,329
Hefe 5	16,05	73,5	6,32	0,422
Hefe 40	16,50	79,0	7,04	0,400
Hefe 1	16,75	74,0	7,04	0,433

Bei der Probe fand man die Weine deutlich von einander verschieden und von der betreffenden Hefe beeinfluſst.

Versuche aus dem Département du Gard vom Jahre 1893.

Bezeichnung	Mengen pro Liter			
	Extrakt	Alkohol	Gesamtsäure	Flücht. Säure $(C_2H_4O_2)$
1. Kontrollwein . . .	19,1	97,0	5,692	3,162
2. Hefe 10	21,7	112,0	4,284	0,651
3. Hefe 12	20,2	109,0	4,549	0,655

Die Gärung des Kontrollweins war sehr stürmisch. Bei der Probe wurden die Weine folgendermaſsen klassifiziert: 2, 3 und Kontrollwein.

Weinhefen sind auch für andere Gärungen schon versucht worden, in Gerstenwürze und zur Vergärung des durch Verzuckerung von Asphodelusknollen gewonnenen Saftes (Rivière und Bailhache). Ich selbst habe Gelegenheit gehabt, auf ihre Brauchbarkeit bei der Vergärung von Bananensaft hinzuweisen, u. s. w.

Apfelweinfabrikation. — Die hier erhaltenen Resultate entsprechen den bei der Weinbereitung gewonnenen (Versuche von Nathan, Martinand, Jacquemin, Kayser etc.).

Brennerei. — Die Anwendung von Reinhefen haben auch hier groſse Fortschritte zur Folge gehabt: gröſserer Ertrag an Alkohol, höhere Attenuation, gröſsere Reinheit des Alkohols, Vergärung konzentrierterer Würzen etc.

Alle diese Verbesserungen sind in der That in Rüben-, Korn-, Topinambur- (Lévy) und anderen Brennereien festgestellt worden. Der Gebrauch von Weinhefe ist zu empfehlen; erst ganz kürzlich hat eine unserer Weinhefen bei einer Probe in einer Rübenbrennerei weit bessere Erfolge als die bisher erzielten ergeben.

Bäckerei. — Die Brotgärung gehört zu den noch am wenigsten bekannten, obgleich die dabei wirklich oder anscheinend mitwirkenden Organismen Gegenstand zahlreicher Untersuchungen von Laurent, Chicandard, Boutroux und Peters gewesen sind. Sie treten in grofser Zahl auf, aber ihre Rolle ist wenig bekannt. Man hat unter ihnen einige Hefearten mit Tausenden von Bakterien verschiedener Art gefunden; dabei tritt fast regelmäfsig eine kleine runde Hefe von 3 bis 5 μ Durchmesser auf, welche mit dem Saccharomyces minor grofse Ähnlichkeit besitzt. Gelegentlich ist auch die Bildung geringer Quantitäten Alkohol beobachtet worden, doch geschieht dieselbe wohl nur in Ausnahmefällen.

Es steht indessen fest, dafs die Bäcker am meisten Hefen mit hohem Stickstoffgehalt schätzen, wie aus den folgenden Zahlen von Briant hervorgeht.

Bezeichnung der Hefe	Stickstoffsubstanzen % in der trockenen Hefe	Urteil der Bäcker
Muster 1	69,80	ausgezeichnet
» 2	64,20	gut
» 3	56,40	schlecht
» 4	42,70	sehr schlecht

Komplizierte oder symbiotische Gärungen.

Man bezeichnet mit diesem Namen Gärungen, welche durch die Vereinigung zweier oder mehrerer Organismen von verschiedenen Arten hervorgerufen werden, wobei die eine resp. alle Arten Nährstoffe zum Vorteil der Nachbarart bilden. Die uns hier interessierenden Gärungen sind solche, bei welchen die Hefe die Rolle des Erregers alkoholischer Gärung spielt. Diese Erscheinungen sind viel häufiger, als man lange geglaubt hat, und vielleicht gelangen wir auf diesem Wege eines Tages dazu, eine Reihe von Krankheiten unserer vergorenen Getränke (Bier, Wein, Cider) zu erklären.

Für jetzt mögen einige wenige genügen. Zu den best bekannten gehört die *Gärung des Ingwerbieres*. Ward fand dabei verschiedene Arten, von denen die wichtigsten das sogenannte »Bacterium vermi-

forme« und eine Hefe sind. Das Bakterium ist mit einem hervor-
ragenden Polymorphismus begabt, seine Glieder sind bald rundlich,
bald stäbchenförmig, zu geraden Fäden verlängert oder zu Spiralen
aufgerollt, bald nackt, bald in eine gelatinöse Scheide gehüllt. Die
Hefe ist viel lebhafter in Gegenwart des Bakteriums, dessen Aufgabe
darin zu bestehen scheint, bestimmte, der Hefe schädliche Produkte
zu zerstören.

Kumys der Tartaren. — Derselbe besteht aus Stutenmilch, deren
Zucker und Kaseïn durch Mikroorganismen vergoren ist (Hefen und
andere milchvergärende Organismen).

Kephyr. — Die Kephyrkörner bestehen aus einer im trockenen
Zustande birnförmigen, gelatinösen Masse. Die bakteriologische Analyse
findet darin eine Hefe und ein Bakterium (Dispora caucasica) von kurzer,
cylindrischer oder von Fadenform.

Sake. — Reiswein aus Japan und Indochina wird erhalten durch
die Einwirkung verschiedener Organismen, unter welchen sich Eurotium
oryzae befindet. Die Stärke des Reises wird in Maltose und Glykose
verwandelt, welche dann in alkoholische Gärung übergehen.

Die eine ähnliche Gärung erregende »chinesische Hefe« ist ein
Gemisch eines Schimmelpilzes mit mehreren Hefen; der gärkräftigste
Organismus ist der Amylomyces Rouxii, welchen Calmette näher
untersucht hat.

Chicha der Indianer oder Maiswein. — Dies Getränk entsteht
unter der Einwirkung von Hefen und Vibrionen (Marcano).

Arak ist ein Getränk, das durch die Gärung von Zuckermelasse und
Reismehl gewonnen wird. — Der Gärungserreger oder Raggi setzt sich
aus Bakterien, Schimmelpilzen (Chlamydomucor oryzae, Rhizopus oryzae)
und zwei Hefen zusammen (Harlay).

Hierher gehört auch die Gärung des *Edamer Käses* durch die
Vereinigung von Milchbakterien und dem Saccharomyces tyrocola
(Beyerinck).

Litteraturverzeichnis.

Aderhold. — *Morphologie der deutschen Sacch. ellipsoïdeus-Rassen.* Landw. Jahrbücher, 1894.

Berthelot. — *Sur la fermentation alcoolique.* Ann. de chimie et physique. 1857
und C. R. 1860.

Bourquelot. — *Les fermentations.* Paris, 1896.

Boutroux. — *Sur l'habitat et la conservation des levures spontanées.* Bulletin de la
société Linnéenne de Normandie. 3. Serie. VII. 1883.

Duclaux. — *Chimie biologique.* Paris, 1883.
— *Fermentation alcoolique du sucre de lait.* Ann. Inst. Pasteur 1887.
— *Recherches sur les vins.* Ann. de chimie et physique. Bd. III, 1874.
— *Sur l'absorption de l'ammoniaque par la levure de bière.* C. R. Bd. L IX.
— *Sur la production des acides volatils pendant la fermentation alcoolique.* Ann. des
l'École normale supérieure, 1865 und 1866.
— *Conservation des levures.* Ann. Inst. Pasteur, 3e ann. 1889. Ascospores, ibid.
— *Pouvoir ferment et activité d'une levure.* Ann. Inst. Pasteur, 1896.

Effront. — *Influence de l'acide fluorhydrique et les fluorures sur les levures de bière.*
C. R. Bd. CXVII, Ann. 1893, Bd. CXVIII, Ann. 1894, Bd. CXIX, Ann. 1894.

Fernbach (A.). — *Sur la sucrase de la levure.* Ann. Inst. Pasteur 1889 und 1890.
Levure et Oxygène. Bière et boissons fermentées. Paris, No. 3, 1895.
— *Levain et levures pures.* Bière et boissons fermentées, 1896.

Forti (C.) — *Contribuzione alla conoscenza dei lieviti di vino.* Le Stazione sperimen-
tale agrarie Italiane. Vol. XXI, 1891.

Garnier. — *Ferments et fermentations.* Paris, 1888.

Gayon et Dubourg. — *Fermentation de la dextrine et de l'amidon par les mucors.*
Ann. Inst. Pasteur 1887.

Girard (A.). — *Fabrication de la bière.* Rapport 1875.
— *Fermentation panaire.* C. R. Bd. CI, 1885.

Greg. Percival. — *Selected Yeasts.* Centralblatt für Bacteriol. und Parasitenkunde,
1896. II. Teil.

Guichard (P.). — *Microbiologie du distillateur.* Paris, 1896.

Hansen (E. Chr.). — *Untersuchungen aus der Praxis der Gärungsindustrie.* Heft I
und II. München, 1890 und 1892.
— *Saccharomyces colorés en rouge et cellules rouges ressemblant à des saccharomyces*
C. R. des Medd. fra Carlsb. Labor. 1879.

Hansen (E. Chr.). — *Circulation du saccharomyces apiculatus dans la nature.* Ibid. 1881 und Ann. de Micrographie. 1890.

— *Recherches sur la physiol. et la morphologie des ferments alcooliques. Ascospores. torulas.* Ibid. 1883 und 1886.

Jacquemin (G.). — *Les saccharomyces ellipsoideus et leurs applications industrielles.* C. R. 1888, und Broschüre über ›levures sélectionnées‹. Nancy, 1895.

— *Bouquet des boissons fermentées* C. R. Bd. CX, 1890.

Jörgensen (A.). — *Die Mikroorganismen der Gärungsindustrie.* Berlin, 1898.

Kayser (E.). — *Action de la chaleur sur les levures.* Ann. Inst. Pasteur, 1889.

— *Levures de cidre,* ibid. 1890.

— *Ferments de l'ananas,* ibid. 1891.

— *Levures de lactose,* ibid. 1891.

— *Levures de vin,* ibid. 1892 u. 1896.

— *Vitalité des levures.* Bière et boissons fermentées. 1895.

— *Levures de vin.* Revue de viticulture. 1896, Paris. No. 117 u 127.

— *Levures de vin.* Bas-Rhône, Nîmes, 1896. No. 16, 18, 19.

— *Levures sélectionnées en vinification.* Rapports. Bulletin du ministère de l'Agriculture. Paris, 1892, 1893, 1894, 1895 und 1896.

— *Levures de bananes.* Bière et boissons fermentées. 1896.

Klöcker und Schiönning. — *Experimentelle Untersuchungen über die vermeintliche Umbildung verschiedener Schimmelpilze und Saccharomyceten.* Centralblatt für Bakteriol. und Parasitenkunde. 1896. II. Teil.

Koch. — *Jahresbericht über Gärungsorganismen.* 1890, 1891, 1892, 1893. Braunschweig.

Kosutany. — *Einfluß der verschiedenen Weinhefesorten auf den Charakter des Weines.* Landw. Versuchsstat. 1892, Vol. XL.

Laer, Van. — *Application industrielle de la méthode Hansen à la fermentation haute.* C. R. de la station scient. de brasserie Gand. 1890.

— *Levure mixte de fermentation haute.* Bull. de l'association belge des chimistes, November 1895.

Lafar. — *Studien über den Einfluß organischer Säuren auf Eintritt und Verlauf der alkoholischen Gärung.* Zeitschrift für Spiritusindustrie, 1895.

Laurent (E.). — *Bactérie de la fermentation panaire.* Bull. de l'Acad. Roy. de Belgique, 1885.

— *Nutrition hydro-carbonée et azotée de la levure.* Ann. Inst. Pasteur, 1889.

— *Formation du glycogène chez les levures.* Ann. Inst. Pasteur, 1889.

— *Note sur les formes-levures chromogènes.* Bull. Soc. Roy. de Belgique, Bd. XXIX. II.

Lévy (L.). — *Fermentation du jus de topinambour par les levures de vin.* C. R. Bd. CX.

Lindet (L.). — *Influence de la température de fermentation sur la production des alcools supérieurs.* C. R. Bd. CVII, 1888, C. R. Bd. CXII, 1891.

Lindner (P.). — *Die Askosporen und ihre Beziehungen zur Konstanz der Heferassen.* Wochenschrift für Brauerei, 1887 und 1888.

— *Gärversuche mit verschiedenen Hefen.* Ibid. 1888.

— *Wachstum der Hefen auf festen Nährböden.* Woch. f. Brauerei, 1893.

— *Schizosaccharomyces Pombe.* Ibid. 1893.

— *Mikroskopische Betriebskontrolle in den Gärungsgewerben.* 1895.

Martinand. — *Étude sur l'analyse des levures de brasserie.* C. R. Acad. Paris, Bd. CVII, 1888.

— *Manuel de vinification.* Paris, 1895.

— *Influence des rayons solaires sur les levures.* C. R. Bd. CXIII., Ann. 1891.

Marshall Ward. — *The ginger beer plant and the organism Composing it.* Philos. Roy. Soc. 1892.

Marx (L.). — *Laboratoire du brasseur.* 2. Aufl. Paris, 1889.

— *Les levures de vin* Moniteur scientifique du Dr. Quesneville. Paris, 1888.

Mayer (Ad.). — *Die Gärungschemie.* 4. Aufl. 1895.

Müller-Thurgau. — *Über den Ursprung der Weinhefen.* Zeitschrift für Spiritus-industrie, 1890.

— *Über die Vergärung des Traubenzuckers durch zugesetzte Hefe.* Zeitschrift für das gesamte Brauwesen. 1890

Muntz (A.). — *Recherches sur la fermentation alcoolique intra-cellulaire des végétaux.* C. R. Bd. LXXXVI. 1878.

Nathan. — *Die Bedeutung der Hefereinzucht für die Obstweinbereitung.* Der Obst-bau. 1891 und 1892.

Nastucoff. — *Pouvoir réducteur des levures.* Ann. Inst. Pasteur, 1895.

Pasteur (L.). — *Mémoire sur la fermentation alcoolique.* Ann. Chim. et Phys. 1860 und 1861.

— *Études sur le vin.* 1866.

— *Études sur la bière.* 1875.

— *Sur la diffusion des levures alcooliques.* C. R. 1876.

Perraud (J.). — *Application des levures sélectionnées en vinification.* 1892, 1893, 1894 und 1895. Travaux de la station œnologique de Villefranche (Rhône).

Pichi (P.). — *Sopra l'azione dei sali di rame nel mosto di uva sul sacchar. ellipsoïdeus* Nuova rassegna di viticoltura ed enologia. 1891.

— *Sulla fermentazione del mosto di uva con fermenti selezionati* Ibid. 1892.

Raymann und **Kruis.** — *Chemisch-biologische Studien.* Prag 1891 u. 1895. Wochen-schrift für Brauerei, 1892 und 1896.

Rau. — *Bernsteinsäure als Produkt der alkoholischen Gärung.* Archiv f. Hygiene. Bd. XIX.

Regnard (P.). — *Influence des divers agents phys. sur la fermentation alcoolique.* Ann. de chim et phys. 1874.

— *Influence de la pression sur la levure.* C. R. Bd. XCVIII, Ann. 1884.

— *Action des antiseptiques.* Soc. de biologie. IX. 1887.

Reincke. — *Die Konservierung der Hefen.* Zeitschrift für Spiritusindustrie, 1888.

— *Das Trocknen der Hefe.* Ibid. 1891.

— *Hefen in südlichen Klimaten.* Wochenschrift für Brauerei, 1893.

Rietsch et Herselin. — *Fermentation apiculée et influence de l'aération dans la fer-mentation elliptique à haute température.* C. R. Bd. CXXI, 1895.

Rietsch. — *Communication de bouquets aux vins par les levures sélectionnées.* Bull. de la soc. d'agric. 1890.

Roux. — *Sur une levure qui ne sécrète pas de ferment inversif.* Bull. soc. chim. Paris, 1881.

Schutzenberger. — *Les fermentations.* 6. Aufl. Paris, 1896.

Schrohe. — *Gärungstechnisches Jahrbuch.* 1891 und 1892, Berlin.

Sorel (E.). — *Fermentation par l'aspergillus oryzæ.* C. R. Bd. CXXI, Ann. 1895.

— *Action de l'acide fluorhydrique sur les levures.* C. R. Bd. CXVIII, Ann. 1894.

Thylmann und **Hilger.** — *Über die Produkte der alkoholischen Gärung.* Wochenschrift für Brauerei, 1889.

Wein. — *Zymotechnisches Centralblatt.* 1893 und 1894, München.

Will (H.). — *Über einige wichtige Hefearten und deren Unterscheidungsmerkmale.* Allg. Brauer- und Hopfenzeitung, 1885.

7*

Will (H.). — *Über Sporen- und Kahmhautbildung bei Unterhefe.* Zeitschrift für das gesamte Brauwesen, 1887.

— *Über zwei wilde Hefearten.* Ibid. 1891.

— *Über die Wirkung einiger Desinfektionsmittel auf Hefe.* Zeitschrift f. d. ges. Brauwesen, 1893.

— *Beobachtungen über die Lebensdauer getrockneter Hefe.* Ibid. 1896.

— *Die Hefezellen und deren Aussehen und Beschaffenheit in den verschiedenen Stadien der Entwickelung.* Zymotechnisches Centralblatt von Dr. Wein. 1. Jahrg., 1893.

Wortmann. — *Untersuchungen über reine Hefen.* Landwirtschaftl. Jahrbücher, 1892 und 1894.

— *Über die Anwendung von reingezüchteten Hefen bei der Schaumweinbereitung und Apfelweinbereitung.* Weinbau und Weinhandel, 1893.

Druck von R. Oldenbourg in München.

Alphabetisches Register.

Druckfehlerverzeichnis.

pag. 3, Zeile 5 von unten: statt einförmig: eiförmig.
   › 3, › 6 › › : › Leuwenhoeck: Leeuwenhoeck.
  › 90, › 4 › › : › Gebrauchsweise: Behandlung.

www.ingramcontent.com/pod-product-compliance
Lightning Source LLC
Chambersburg PA
CBHW031448180326
41458CB00002B/694